唐渊 著

清华大学出版社

北 京

内容简介

本书独创性地提出责任文化的系统理论，通过全面责任管理，把各级组织建设成为责任型组织，每个人都能“想干事、能干事、真干事、干对事、干成事”。本书是任何组织值得人手一册的全员读本，对社会道德建设、政府廉政建设、企业经营管理都具有很高价值。

本书第一版曾获得优秀廉政文化图书和中央国家机关读书活动推荐阅读书目两个提名，并荣获全国职业指导优秀成果奖。

图书在版编目(CIP)数据

责任决定一切：白金版/唐渊 著. —北京：清华大学出版社，2013.9(2019.6重印)

ISBN 978-7-302-33126-1

Ⅰ.①责… Ⅱ.①唐… Ⅲ.①责任感—通俗读物 Ⅳ.①B822.9-49

中国版本图书馆CIP数据核字(2013)第150486号

责任编辑：张 颖
封面设计：周晓亮
版式设计：思创景点
责任校对：邱晓玉
责任印制：沈 露

出版发行：清华大学出版社
网 址：http://www.tup.com.cn，http://www.wqbook.com
地 址：北京清华大学学研大厦A座 邮 编：100084
社 总 机：010-62770175 邮 购：010-62786544
投稿与读者服务：010-62776969，c-service@tup.tsinghua.edu.cn
质 量 反 馈：010-62772015，zhiliang@tup.tsinghua.edu.cn
印 装 者：天津画中画印刷有限公司
经 销：全国新华书店
开 本：170mm×240mm 印 张：16.25 字 数：204千字
版 次：2010年9月第1版 印 次：2019年6月第7次印刷
定 价：30.00元

产品编号：050775-02

推荐序一

了解唐渊，是因为他对科教公益活动的热心参与。唐渊出于对北京大学老校长周培源先生的崇敬之情，在周培源基金会的公益培训中担任讲师，于是便有了我们相互认识的机会。

后来唐渊请我写序，我欣然应允。一是因为上述工作关系；二是因为对年轻人社会责任心的欣赏。基金会同仁们对唐渊的评价为：他在用自己的行动诠释“责任”的内涵。

十年来，唐渊传播责任文化的工作颇有成效，他致力于“让每一个中国人做到负责任”的人生使命让很多人感动。近年来，唐渊的演讲很受欢迎，立意独特，内容精彩。毕竟演讲要受到时间和空间的限制，所以他决定以出版物的方式与读者分享关于责任文化的研究成果。纵览《责任决定一切》一书，感觉亮点很多，尤其是他把“责任”作为一个系统来研究，认为责任包括责任意识、责任能力、责任行为、责任制度和责任成果，强调每个人都要“为责任而工作”等等，具有深刻的社会意义。

近闻唐渊作词、作曲并演唱的《责任之歌》已经录制完毕，即将发行，可望作为团队执行力训练的参考曲目，谨此表示祝贺。

愿此书倡导的责任文化伴随着《责任之歌》传遍华夏大地。

林钧敬

北京大学原副校长、周培源基金会副理事长

2010年端午于燕园

推荐序二

唐渊老师是研究管理与素质教育的学者，每年都有新著问世。从2001年开始，唐渊老师系统研究责任课题，传播责任文化，在全国举办“责任行”循环演讲，其独特的演讲风范一直备受欢迎。十年过去了，此刻，读者手中的这本书是唐渊老师十年磨一剑的成果，内容全面、系统、深刻，既有理论高度，又有实践价值。

这本书是写给每个人的，不论你是学生还是教师，不论你是工人还是农民，不论你是军人还是百姓，不论你是生意人还是公务员，不论你是领导者还是办事员……因为人不能脱离责任而生存，“责任”是每个人都不能回避的字眼。对责任究竟该如何理解？一个人究竟该承担什么样的责任？为什么说成功源于责任？我们又该如何培养成功人士共同的责任特质……这些时常让人困惑的问题，我们都可以从本书中找到答案。所以，这本书也是写给每一个组织的，不论是政府还是企业，不论是学校还是医院，不论是军营还是社区……通过学习这本书，并结合唐渊老师的授课，“组织发展，我的责任”可以成为全体成员发自内心的呐喊。

北京大学心理学博士景玉平评价这本书颇有曹氏风采：“满纸劝世言，一腔热血沸，作者心本痴，书中有回味。”掩卷沉思，此话不虚——如果心情不好，请读这本书；如果工作不顺，请读这本书；如想受人欢迎，请读这本书；如要人生精彩，请读这本书……

责任和使命一脉相承，长期的、重大的责任称之为使命。在中国大地传播责任文化是唐渊老师的责任，也是他的使命。我想，作

者的这种责任感和使命感对每位读者来说都是一种激励。让我们和作者一起成为负责任的责任文化传播使者。

浙江大学教授、管理学博士、博士生导师

自 序

责任是一个完整的体系

我们经常会遇到这样的情况，一个很“负责任”的人却不受欢迎。问题出在哪里？难道是“负责任”惹的祸吗？“负责任”有错吗？

现代汉语中对“责任”的解释是分内应做的事，而不是做好分内之事的意愿。但我们发现，很多人对“责任”的理解出现了偏差，把责任等同于责任心、责任感、责任意识了。实际上，责任应该是一个完整的体系，它包含五个方面的基本内涵：责任意识、责任能力、责任行为、责任规范及责任成果。

责任意识——想干事；
责任能力——能干事；
责任行为——真干事；
责任规范——干对事；
责任成果——干成事。

责任的五项基本内涵缺一不可，相辅相成。在组织责任文化内涵结构关系图中(见图0-1)，每条线都是可逆的，无须文字说明，即可一目了然。

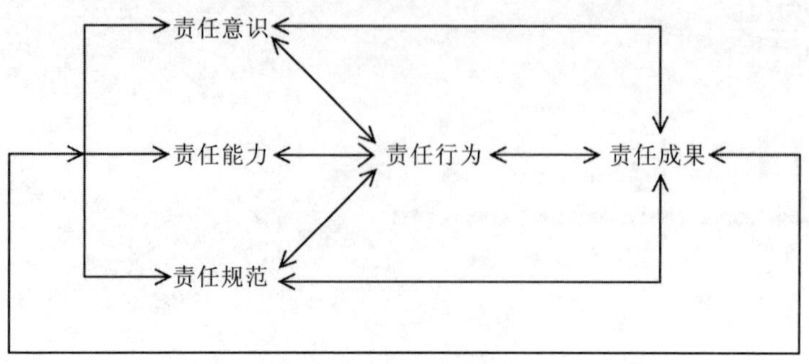

图0-1　组织责任文化内涵结构关系图

一、责任意识

责任意识是职业人精神的体现，它要求我们对事业负责，对组织的发展负责。当工作出现纰漏时，要敢于承担，而不是千方百计地为自己寻找免责的借口。在这个世界上，没有不需要承担责任的工作。一个人的工作岗位越重要，职位越高，权力越大，就意味着责任越重。每个组织成员无论职位高低，只要树立起“责任在我”的强烈意识，组织内形成“人人都是责任者”的文化氛围和责任意识，组织的事业将无往而不胜。

梁启超的《志未酬》中有诗句：“男儿志兮天下事，但有进兮不有止。”其含义为一个人来到这个世界上，总应该想着干点事、能干点事和干成点事，否则实在愧走人生这一遭。那些胸无大志、不思进取者，确实应该好好琢磨和品味这句话的内涵。

当然，要干成一件事不容易，要干成一件大事更是难上加难，前进的路上有错综复杂的矛盾，有来自各方面的阻力，有意想不到的困难。面对方方面面的矛盾和阻力，面对一个又一个的困难和险滩，需要干事者有足够的责任意识，有毅力、有追求、有胆识、有气魄，看准了的事就要“咬定青山不放松”，不达目的誓不罢休。只有不懈努力干成事，才是真正的成功者。

二、责任能力

承担责任是需要能力来支撑的。强烈的责任心和责任意识更多的是对职业人的道德要求。而一个人的成功，不仅仅是要保持强烈的责任意识，还必须努力提高自己的判断力、行动力，让责任心衍生出相应的工作能力。因为责任心不是说出来的，而是做出来的，是用事实来证明，用业绩来体现的。能者上，平者让，庸者下，是对以能力为基础的责任文化发展的必然要求。

要“干成事”，就必须有谋事的本领。要想有干成事的本领，就要适应竞争和变革的形势，迅速提升自己的决策能力、统筹协调能力、开拓创新能力、执行落实能力，做到推进工作有实招，加快发展有本事，攻坚克难有办法。用心、用功、用脑子去干，多学习、多调研、多思考、多总结，舍得付出代价，身体力行，真抓实干，一步一个脚印，干一件事像一件事，干一件事成一件事。

三、责任行为

一沓纲领不如一个行动。责任意识、责任能力离开责任行为都是无法体现的。听其言，还要观其行。一个负责任的人，首先要积极主动，凡事雷厉风行，“不等、不靠、不要”，抓住机遇，加快发展；其次要科学求实，不急功近利，不弄虚作假，不为长远发展留隐患；再次要精心细致，把责任落实到平常工作的点点滴滴中，以锲而不舍的精神、坚持到底的信念、脚踏实地的务实态度，自动自发地把事情做好、做到位。

经常听到这样的话，某某领导表示要真抓实干，坚决地干、一马当先地干、又好又快地干；要坚持科学发展观，树立可持续发展观，真正让老百姓得利益，为老百姓谋福利，要把群众的利益放在第一位……听起来很“想干事”。而实际情况呢？“真干事”了吗？一个组织，如果没有真抓实干，工作不到位，总结起来、汇报起来当然就只有“编故事”了：领导如何重视深入，干部如何迎难而上，有认识有做法，有典型有经验，充分全面，重点突出，让人颔首赞许，无可挑剔。总之，是讲起来“动情”，听起来“动心”，但实际情况却是相距甚远，甚至根本就不是那么回事。这种听得看不得、不出成绩出经验的怪现象之所以屡禁不绝，正是因为没有“真干事”，其后果是“空谈误国”，这是组织发展的大敌。

四、责任规范

正确的行为导致正确的结果，错误的行为导致错误的结果。责任者采取的行为当然应该是正确的行为。那么，什么是正确的行为呢？正确的行为有衡量的规范，包括规则、制度、流程、法律法规、社会公德、客观规律……

责任规范保证“干对事”。必须做的，要有规范保证；不该做的，也要有规范约束。在高速公路上开车，最苦恼的就是看不到限速标志。看到了限速标志，我们就知道必须保证车速在下限和上限之间；同时也知道超出限度是不允许的。

我们干任何事情，都要有个规范，前提是这样的规范要符合客观发展规律。用现在的话说，即要符合科学发展观，符合广大人民群众的根本要求。老百姓是不是拥护、老百姓是不是赞成、老百姓是不是支持，是衡量我们办事正确与否的标尺；是不是好大喜功的政绩工程、是不是不计成本的摊子工程、是不是装潢门面的面子工程，是检验我们决策能力和水平的标尺。只有按规范办事，作出科学决策，我们干成的事才经得住历史的检验，才能取得成功。

在干事过程中还要确立一个相对较高的标准。标准不高，事情的质量就不会高；高起点、高标准，做出来的事情就会与众不同，成效也不一样，因而也更有利于推动队伍建设向前发展。这样的标准也需要用规范作为保证。

组织建立责任体系，就是将组织管理和责任制度结合起来，明确具体的工作职责、任务流程、运行程序、时间要求、考核标准、奖惩办法等，形成环环相扣、责任明晰的执行责任体系。

五、责任成果

责任意识、责任能力、责任行为、责任规范四方面有机结合、相互作用，就能达成一个最终结果——责任成果。所以，责任体系也可以称为4+1责任体系。

从广义上讲，责任文化应该包含责任成果，因为文化从广义上讲是人类创造出来的所有物质和精神财富的总和，所以，广义的责任文化自然也应包含物质文明和精神文明的成果。在责任文化的实际操作中，愿意负责任不一定就能负到责任，因为在我们周围，很多人理解的“负责任”可能只是一种态度而不包含成果。我们经常看到这样的现象，一些看起来很“负责任”的人却往往做不好事情，似乎负责任是一回事，做好事情是另一回事，两者不是统一的，这种现象影响了“负责任”的价值体现。其实这是把负责任和责任心，或者说是责任意识混淆起来了，“负到责任”是负责任的应有含义。

所以，讲责任就要以结果为导向，“成者为王，败者为寇”，凭功绩论英雄，把“干成事”作为我们一切责任的落脚点，让“想干事”的人有机会，让“能干事”的人有舞台，让“真干事”的人有回报，让“干对事”的人有保障，让“干成事”的人有前途，干一件是一件，干一件成一件。长此以往就能干成不少的事，就会不断创造出组织发展新业绩。

唐　渊

2013年6月18日于北京清华园

目　录

第一章

天下兴亡　责任在我

——责任文化的核心

第一节 责任天下是最高境界

一、传统责任思想的不同境界

中华民族有着数千年的文化，其中孕育着深厚的责任思想，先秦儒家的“义利观”就是突出的代表。“见利忘义”、“见利思义”、“义利统一”、“先义后利”等观点，揭示了责任思想的不同境界，为我们研究责任文化提供了借鉴。

(一) 负分思想“见利忘义”

中国有个成语叫“见利忘义”，即见到有利可图就不顾道义，形容人贪财自私，常常用于批评人贪恋钱财、品德败坏。

“见利忘义”从逻辑上说，也不算是不负责任，但由于只对自己负责，不对他人负责，就成了人们眼中典型的不负责任，与代表正直、正气、正义的责任文化格格不入，为中华文明，也为全人类所不齿，是备受抨击的落后思想，与其说是不及格的思想，不如说是负分思想更为确切。

(二) 及格思想“见利思义”

孔子提出了儒家义利观的基本要求——“见利思义”，当利与义之间出现矛盾时，可以承认人们追逐个人利益的正当性，但“君子爱财，取之有道”，要求人们合法、合理地获得个人利益。“非义勿取”是孟子对孔子“见利思义”的价值判断标准的沿袭。孟子主张无论是个人还是国家，绝对不能因为利益而牺牲道义。

这里所说的“见利思义”中的“义”，包括法律和道德两个底线。如果说法律底线的要求相对清晰，操作起来较为容易的话，道德底线的要求则相对宽泛，操作起来就比较难了。孔子认为换位思考是处理道德问题的有效手段，他提出“己所不欲，勿施于人”，意思是不愿意加于自己身上的东西，也不要去强加给别人。

(三) 良好思想“义以生利”

“义以生利”从字面上可以理解为通过“义”来生“利”，是说人们如果都按照义的要求行事，相互之间关系协调，社会稳定，则每个人都能得到与自己社会地位相应的一份利益。

我们反对“见利忘义”，是要求我们做人做事要有一个基本准则——“有所不为”，而“义以生利”则是教我们另一种准则——“有所作为”。孔子从利人与利己的关系出发，教我们从“己所不欲，勿施于人”向“己欲立而立人，己欲达而达人”转化，就是说，自己想要站得住，首先要使别人也能站得住；自己要想做得到，首先要使别人也做得到。这种通过利人实现利己的义利观，可以看做先秦儒家义利观的中层要求。

(四) 优秀思想“义以为上”

儒家在其道德建立过程中，主张“义以为上”的荣辱观，把“计利富民”作为价值导向。儒家思想认为人“非利不生”，用“义以分之”，从而树立其在道德建设中极为重要的地位和意义。

这种“义以为上”的思想可以看做先秦儒家义利观的最高要求。孔子认为，小人明白的是利益，君子明白的是道义，可将义与利的取舍作为甄别君子与小人的分水岭。因此，他自己就“罕言利”。当义与利发生根本性的冲突时，强调“杀身成仁”。

孟子继承了孔子“义以为上”的义利观，其指出：“鱼，我所欲也；熊掌，亦我所欲也。二者不可得兼，舍鱼而取熊掌者也。

生，亦我所欲也，义，亦我所欲也。二者不可得兼，舍生而取义者也。”即是说，在利益与道义，或者更确切地说是个人利益与公共利益发生冲突的时候，应当放弃、牺牲个人私利，追求、成全大众公利，甚至“舍生取义”。

二、义以为上与天下为公

传统责任思想中的优秀思想“义以为上”可进一步升华为“天下为公”。

“天下为公”也是孙中山、廖仲恺先生的指导思想，意思为天下是天下人的天下，为大家所共有，天子之位，传贤而不传子，只有实现天下为公，彻底铲除私天下带来的社会弊端，才能使社会充满光明，百姓得到幸福；后成为一种美好社会的政治理想，也指天下公平。胡锦涛这样评价孙中山的“天下为公”：“孙中山先生的一生，是为近代中国的民族独立、民主自由、民生幸福而无私奉献的一生，是为实现国家统一、振兴中华而殚精竭虑的一生。孙中山先生追求真理的开拓进取精神和矢志不渝的爱国主义情怀，孙中山先生天下为公的博大胸怀和放眼世界的开放心态，孙中山先生生命不息、奋斗不止的坚强意志和鞠躬尽瘁、死而后已的高尚品德，是他留给我们的宝贵精神遗产。”

可见，“天下为公”倡导的是一种“以天下为己任”的责任文化。这种责任文化要求：从我做起，从身边的事情做起，正确认识和处理个人利益、集体利益和国家利益的关系，自觉地以国家、集体利益为重，先公后私，当三者利益发生冲突时，应当“克己奉公”、“公而忘私”、“大公无私”，即“义以为上”。

同时，“天下为公”也是中华民族传统美德的重要规范，既是个人修养之要，又是社会公德的最高原则。近代梁启超把“天下为公”的这一思想概括为“天下兴亡，匹夫有责”，把“天下为公”的道德理想转化为个人的责任要求，不仅激励着后代无数志士仁人为中华民族的盛衰兴亡大业而奋斗不息，还要求关心他人、扶危济困，“老吾老以及人之老，幼吾幼以及人之幼”，追求平等、公正，视公共利益高于一切，即在义利相矛盾、相冲突的情况下，以“义”为重，“先义后利”、“杀身成仁”、“舍生取义”，即“义以为上”。对此，毛泽东有更为通俗和直接的核心思想：全心全意为人民服务。

三、从责任中国到责任天下

“天下”一词，撇开其政治意义，单从字义上理解应为普天之下，没有地理和空间的限制，超越了国家、民族的范畴，指世界、全球。虽然“天下”在古时多指中国范围内的全部土地，但应与时俱进，如今的“天下”其实就是一个“地球村”，如果还是把“天下”理解为本国、本民族，就未免太狭隘了。

中国的崛起是一个完全新型的世界性大国的崛起，在维护世界和平、促进世界各国共同发展方面发挥着越来越积极的作用，我们对于“天下”的理解也应该适时地由“中国观”向“世界观”转变。中国作为一个大国，有责任与世界人民一起努力，致力于构建和捍卫全球范围的合理对话，建立和谐发展的世界秩序。而每一代中国人，都要为维护好全球合理对话基础上的世界秩序，为“天下”的兴衰存亡负责任，这是义不容辞的。

责任天下——为“天下”兴亡负“责任”！

责任天下——负“责任”才能赢“天下”！

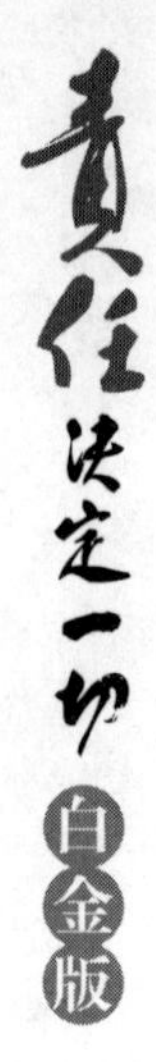

第二节　社会责任是最高标准

先秦儒家义利观所体现出来的层次性，对于组织建设责任文化具有直接的借鉴作用。先秦儒家义利观的不同层次可以分别视为组织责任文化建设的底线标准、一般标准和最高标准(见表1-1)。

表1-1　组织责任文化建设的标准

责任文化标准层次	思想境界	行为特征
底线(及格)标准	见利思义	经营、管理活动遵循法律、道德约束，避免破坏他人的利益
一般(良好)标准	义以生利	把义和利统一起来，实现组织与其利益相关方的共赢
最高(优秀)标准	义以为上	把资源及利益从自身组织一方转移到各利益相关方

一、“见利思义”的适用性

从本质上讲，社会责任是组织作为组织公民应该履行的重要义务。先秦儒家“见利思义”的思想可以视为组织社会责任建设的底线标准。例如，企业是以营利为目的的社会经济组织形式，追求更多的利润是企业的根本目的，也是企业发展的基础和动力，是无可厚非的，而“见利思义”标准则是企业在追求自身利益最大化的过程中必须遵循的法律、道德约束，构成企业社会责任建设的外部约束机制。也就是说，企业追求自身利益最大化的过程，不能以企业利益相关方的利益受损为代价，这是一个基本的前提条件。

“己所不欲，勿施于人。”孔子的思想使组织能够较容易地确立“见利思义”的道德底线，使得“见利思义”的思想境界比较容易达到，具有较强的可操作性，任何组织只要愿意设身处地地站在利益相关方的角度来考虑问题，就可以达到这一标准。

二、“义以生利”的适用性

“予人玫瑰，手留余香。”这种建立在利人才能利己基础上的开明的自利，使得社会责任建设变成组织内在的需求。经济学家亚当·斯密提出：“请给我所需要的东西吧，同时，你也可以获得你所需要的东西。”他的这一思想与先秦儒家“义以生利”的思想可谓异曲同工，构成组织社会责任建设的一般标准。这也是本书所倡导的责任等于机会、成功源于责任的责任理念。

这种建立在互利基础之上的一般标准是组织社会责任建设最重要的标准，是构成组织社会责任建设的基石，原因在于这种标准为大多数组织所接受，同时，也只有为大家所真心接受，才能真正实现组织与其利益相关方的共赢。

三、“义以为上”的适用性

先秦儒家“义以为上”的思想境界可以视为组织社会责任建设的最高标准。

这种最高标准为人所景仰，对于组织来说，如果能够出于纯粹利他的动机而主动承担各种社会责任，就是相当高的境界了，是社会文明和进步的表现，是我们所推崇和鼓励的。

数十年商海沉浮，李嘉诚始终坚持一条人生准则：“不义而富且贵，于我如浮云。”正是怀着这样的人生准则和对社会强烈的责任感，李嘉诚非常努力，不怕辛苦，充满责任感，一直没有止步，事业也越做越大。1958年，李嘉诚开始涉足房地产业，1979年收购和记黄埔，使“长江”集团成为第一个控制英资大行的华资财团。1986年，李嘉诚进军加拿大，购入赫斯基石油过半数股权，现在他的经营范围已经扩展到全世界五大洲。驰骋商海五十多年，从身无分文、白手起家，到连续多年稳居世界华人首富宝座，对于做人和做生意，李嘉诚形成了他自己的人生哲学。“富贵”之后，他没有高高在上，不是时时处处想着怎样从工薪阶层“获取暴利”，而是怀着一种朴素的悲天悯人之心，想到“世界上有很多不幸的人”，一直用至少30%的时间，尽心尽力热心于公益事业。在1980年创办了李嘉诚基金会，用以支持教育、医疗、文化以及公益事业。1981年，李嘉诚创办汕头大学，先后捐资逾二十亿港元，该综合性大学设有医学院及五所附属医院。此外，基金会还推行了一系列的医疗扶贫计划，其中包括为残疾人装配义肢、扫盲复明行动和为唇腭裂孩子免费做手术，同时还在全国施行“宁养医疗服务计划”，其服务对象是贫苦无助的晚期癌症患者。李嘉诚的责任观帮助他实现了人生的价值，获得了社会各界对他发自内心的尊敬，他自己也从中收获了人生的快乐。

“义以为上”这一标准本质上是对资源和利益的重新配置，即资源和利益从组织本身转移到其利益相关方手中。但是我们也必须清醒地认识到，这一标准很难成为现阶段组织社会责任实践的普遍适用标准，原因在于各种组织都有自身的需求，只强调单纯的奉献，与组织的本质是相冲突的，只有有效地平衡利人与利己的关系，组织才能深入、持久地发展。一味强求依照最高标准行事，履行社会责任，对众多组织，尤其是对企业组织来说反而会成为“可望而不可即”的东西，从而变成一句空话，最终会破坏组织社会责任的实践。

所以，作者在呼吁“社会责任”的同时，更加强调“全面责任”，把社会责任作为全面责任的一部分。这样，看似淡化了社会责任，实则更有利于企业等组织从实际出发，客观、有序、愉快地追求社会责任这一最高境界。领导人通过“全面责任管理”把所属组织建设成为“责任型组织”是组织管理的最终目标。

第二章

选择责任　选择机会

——责任意识的塑造

第一节 我负责，我成长

社会学家戴维斯曾说：“放弃了自己对社会的责任，就意味着放弃了自身在这个社会中更好的生存机会。”同样，如果你放弃了自己对工作的责任，就意味着放弃了在工作中更好的发展机会，这样永远都不会获得成功。

一、责任＝机会

有这样一则故事：

两个年轻人到一家公司应聘，公司同意两个人同时试用。试用期间，两人都非常努力，但在试用期最后一天的中午，他们还是被告知明天不用来了，剩下的半天是他们工作的最后半天。

其中一个年轻人得知这个消息后，对着办公室墙上“认真负责”的标语轻蔑地哼了一声，马上把手头的工作放下来，中午饭都来不及吃，就直接到财务部要工资去了。

另一个年轻人则想：明天就走了？可我手头的事情还没有做完呢！做了一半的工作停下来太可惜了，我要在离开之前做好移交工作。他同样中午饭都来不及吃，总算在下午下班之前完成了一份工作总结，交给了老板。老板凝视着他说：“这项工作以后就由你负责。”年轻人问：“可我没有通过试用啊？”老板拍拍他的肩，笑着说：“我只是想知道，相比之下谁真正有责任心，你已为自己赢得了机会。”

可见责任和机会是紧密相连的，具体地说，有以下三种情况。

1. 责任与机会合二为一

董事长把你叫到办公室，让你去负责西北市场，并且告诉你："如果干得好就提升你当副总经理。"这种情况就是在给你一份责任的同时也给了你一个机会。

2. 责任背后隐藏着机会

同样是董事长对一位员工说："你去开发西北市场。"但后面的话没有说。表面上看，董事长只是让员工负一定的责任，实则是在责任的背后给了员工一个机会，因为持续承担重任的人，机会一定比其他人要多。

3. 机会背后隐藏着责任

董事长说："由于你西北市场开发得好，提升你当副总经理。"这当然是一个机会，同时它又是责任，意味着你要承担起一个合格的副总经理应当承担的所有责任。有人说"无官一身轻"，就是因为当领导是有责任的。你负不了责任，就当不了领导。

上面三种情况，归结起来实际上就是一句话："责任就是机会。"或者说"责任等于机会"。没有责任就没有机会。责任越大机会越多，责任越小机会越少。

从领导艺术的角度看，作为管理者，应当时时引导下属树立"责任就是机会"的观念，当你在布置任务时，不要仅仅强调责任重大，也应该强调责任与机会的关系，不仅要说"这是你的责任"，而且要说"这也是你的机会"。只有在你让下属明白了你是在给他机会，而不仅仅是给他责任时，他才会发自内心地支持你，心悦诚服地接受你交代的任务。因为"这是你的责任"这句话听起来总让人感觉很有压力，而"这也是你的机会"却让人有所期盼。

二、机会在身边

机会在哪里？这是很多人，尤其是年轻人经常挂在嘴边的一句话，有时这句话甚至成了怨天尤人的一种发泄。事实上，机会在每一个人的身边。之所以很多人抱怨机会太少，大致是因为以下三种情况。

1. 机会来了，准备却不充分

机会来了，准备却不充分，特别是能力上准备不足，只能眼睁睁地看着很多机会从身边溜走，除了感慨“别人机会那么多，我却没有机会”外，什么也做不了。一个小型装潢公司的老板感到他最苦恼的不是没有生意，而是生意来了他抓不住，给他2000万元的工程他做不了，给他2000万元的合同他不敢订。所以，我们在机会来之前就要做好抓住机会的准备，机会永远只会眷顾那些做好准备的人。

2. 机会来了，自己却错过了

很多人都喜欢用大量的时间寻找下一个机会，却不愿意用最少的时间把握现有的机会，结果往往是机会来了，自己却错过了。所以我们经常听到有人说：“如果倒退10年……”“如果我还没有退休……”“如果早知道这样……”他们都是在痛惜曾经失去的机会。

3. 机会来了，却被躲掉了

其实，躲的不是机会，而是责任。一碰到自认为是额外的事情，就赶紧躲开。因为没有认识到伴随责任而来的是机会，见到责任就躲，结果把机会也躲掉了。

上述三种情况，在我们身边会不断发生，其中第三种是最常见的，很多人都吃过这方面的亏。

浙江有家建筑企业，公司同时招聘了两位经理：一位姓王，一位姓孙。一段时间之后，王经理给人留下了工作主动积极、任劳任怨的好印象；孙经理却给人留下了推诿、逃避工作的坏印象。在这种情况下，老板总是把重要的、难度大的工作交给王经理去完成，而把一些无关紧要的、简单的工作交给孙经理。王经理因此经常忙得不可开交，孙经理却经常无事可做。孙经理经常在背地里嘲笑说："王经理真是大傻瓜！俗话说得好，鞭打快牛，能者多劳。瞧我，活干得少，责任承担得少，日子过得逍遥，工资并不比他少一分！"又过了一段时间，王经理成了老总离不开的人，并且晋升为副总经理，而孙经理却因为是企业可有可无的人，当然得不到提升。孙经理觉得没面子，就辞职不干了。我们可以想到，孙经理如果不改变，到哪儿都不会得到重用。

这样的案例，现实中很常见。在我们身边，很多人都曾经面临重大责任，所不同的是一些人选择了逃避，结果自然没有把握到更大的机会。

你对工作的态度决定了你对人生的态度，你在工作中的表现决定了你在人生中的表现，你在工作中的成就决定了你在人生中的成就。所以，如果你不愿意拿自己的人生开玩笑，那就要勇敢的负起责任。

三、成功源于责任

责任是什么？责任是分内应做的事。责任感是衡量一个人精神素质的重要指标。

著名教育家陶西平曾经说过："责任感是做人的基础。"诚然，人自身的发展、人与人的交往、人对社会的贡献都来自明确并且认真履行自己的责任。人的道德自律和遵纪守法也靠责任感。责任感也是个人成才的基础，进取精神、科学态度、创新能力是优秀人才的可贵品质，但离开了责任感，这些就会成为无源之水，无本之木。聪明才智只有建立在强烈的责任感之上，才可能迸发出耀眼的光芒，否则都是徒有其表。责任感更是一个真诚的人的标志，其言必行，其行必果，言行如一，表里如一，是一个人受到别人尊敬与信赖的基本条件，也是社会健康的营养液和净化剂。

很多人都听说过王永庆卖大米的故事。

20世纪30年代的台湾，农村还处在手工作业状态，稻谷收割与加工的技术很落后，稻谷收割后都是铺放在马路上晒干，然后脱粒，所以沙子、小石子之类的杂物很容易掺杂在里面。人们在做米饭之前，都要经过几道淘米的程序，很不方便，但买卖双方对此都习以为常，见怪不怪了。

王永庆却从这一司空见惯的现象中找到了切入点。他带领两个弟弟一起动手，不辞辛苦，不怕麻烦，一点一点地将夹杂在米里的糠、砂石、小石子之类的杂物捡出来，然后再出售。这样，王永庆米店卖的米质量就要高一个档次，因而深受顾客的好评，米店的生意也日渐红火起来。

某一天，一位主妇慕名前来，一下子买了三斗米，但因为太重拎不动又改要一斗，王永庆灵机一动，主动提出帮顾客把米送回家。

在送米的过程中，遇到了三家米店的人，有认识王永庆的人就问:“阿庆仔，怎么送米上门呢？”就这样问了几次把王永庆点醒了，为什么不送米上门？就这样，当米送到后还主动问人家三斗米大概能吃多久，下次需要时直接送过来就可以了，顾客不用再往店里跑了。

这件事后，王永庆把送米上门服务提到米店经营的日程上来，他开始添置一些运输工具，于是可以同时给很多家送米，减少了路上消耗的时间。同时他又做了一些精细的统计，比如这家几口人，每天用米量是多少，需要多长时间送一次，每次送多少并将其一一记在本子上。送米的时候他会细心地为顾客擦洗米缸，记下米缸的容量，把新米放在下面，陈米放在上面。同时还顺便了解到顾客家发工资的日子，并记录下来，在顾客发工资后的一两天内去讨米钱。就这样，他最多一天可以卖出一百多斗米。王永庆米店良好的口碑在嘉义广为流传，大家开始争相效仿，王永庆在米店行业的地位也就提高了。

王永庆卖大米之所以能成功，有人说是他做事勤快，有人说是他注重细节，有人说是他懂得营销……这些说法都对，其分别从不同的侧面反映了王永庆的成功之道。但这些都是表面现象，背后隐藏着的实质是一种责任，即王永庆负了别人不愿意负的责任——把石头从大米里面拣出来是在质量上负责任；主动送米上门是在服务上负责任；统计顾客用米量是在销售上负责任。王永庆事业之所以辉煌，就是这种负责任的态度所创造的。

被称为“红酒公主”的女企业家刘君侠每在一个团队都愿意为大家多负一点责任。参加各类学习、会议她都勇当队长。问其原因，她回答说：“因为队长就是最好的服务员，队长就是最大的责任者。我为大家努力付出，大家为团队付出，最后我们团队能胜出，这本身不是件很快乐的事情吗？”她经常会在车上载满红酒，赠予当天的“同修”们品尝。她负责任的良好形象也得到了回报：所有她身边的企业家朋友都记住了这位美丽的红酒公主。后来，她创办了红酒俱乐部，周围亿万身价的企业家朋友纷纷成为其酒庄的股东。

一个企业、一个人，因肩负使命而产生持续的原动力，因充满责任感而兢兢业业、踏踏实实，这才是持续成功的核心因素。当我们给自己设定并不高的目标时，成功并不难；但当我们不断设定更高的目标去挑战自我时，成功将越来越困难。不断超越以往的成功，去追求更高的目标就是追求卓越，追求卓越才是真正的挑战，只有出类拔萃者才能挑战卓越，但要出类拔萃毕竟需要付出比常人多得多的努力。更重要的是要去实现更高的目标，仅靠一时的激情和纯粹的利益驱动是承载不了如此重任的，唯一能承载的就是更大、更高层面的责任感！

华立集团董事局主席汪力成2008年在总结公司成功的法则时说："我们再也找不到一个比'责任'一词更贴切的字眼，来解释华立37年的发展了。比如说'运气'，难道37年来我们一直都鸿运不断？恰恰相反，华立的创业发展之路历经惊涛骇浪。难道是经营管理能力吗？我认为华立也没有出现过什么经营奇才，我也不认为自己就是'经营大师'。难道是资金雄厚吗？多年来华立完全是在没有一分钱的原始资本投入的情况下负债经营、自我积累、自我发展的。难道是行业选得好吗？我想也不是，华立起家的电能表制造行业本身就是一个专业性强、发展空间不大的小行业，从来没有哪个企业从中赚过大钱。在中国靠电能表起家的，除了华立也没有出过什么大企业。难道还有其他决定性的因素吗？没有。只有'责任'二字，也只有'责任'才是我们走向成功的关键。"

有人也许会问，难道一个企业或者一个人，只要具有强烈的责任感，无论资源多少，无论水平高低、方法如何都能成功吗？当然不是，我们不能片面地理解责任，责任是分内应做的事和做好分内应做的事，从字面中已包含了责任的成果，也就是说，没有成果的责任不是真正的责任，所以本书一直强调责任是一个体系。

海尔出产的第一代冰箱名为琴岛·利勃海尔，其上市后，不断接到客户反映说有质量问题，但维修人员检查的结果，绝大部分是客户不会用，并非质量有问题。许多维修员为此经常抱怨。张瑞敏了解情况后，亲自带领大家进行调查，终于发现了问题出在说明书上。电冰箱的生产技术是从德国引进的，由于内附的产品使用说明书也是直接翻译的。德国人使用冰箱基本不存在操作障碍，因此，说明书编写非常简单，除了简单的图示外几乎没有文字说明。而中国的客户大部分都是第一次使用冰箱，从说明书上根本看不懂应该如何使用。是抱怨客户素质差，还是基于客户的情况重新设计说明书？张瑞敏发动技术人员、销售人员、售后服务人员进行了深入讨论，大家对“客户永远是对的”有了更深层的理解，于是他们选择了后者。挑选最优秀的技术人员，在最短的时间内，编写出内容详细易懂的产品说明书，将其投放市场后，客户投诉现象立刻消失了。

成功源于责任，小到每一个人，中到一个团体，大到一个国家，无不如此。

毛泽东和中国民主建国会创始人黄炎培对话论天下时，68岁的黄炎培直言相问:“我生六十余年，耳闻的不说，所亲眼见到的，真所谓‘其兴也勃焉，其亡也忽焉’。一人、一家、一团体、一地方乃至一国，不少单位都没有能跳出这周期率的支配力。大凡初时聚精会神，没有一事不用心，没有一人不卖力，也许那时艰难困苦，只有从万死中觅取一生。既而环境渐渐好转了，精神也就渐渐放下了。有的因为历时长久，自然地惰性发作，由少数演为多数，到风气养成，虽有大力，无法扭转，并且无法补救。也有为了区域一步步扩大了，它的扩大，有的出于自然发展，有的为功业欲所驱使，强于发展，到干部人才渐见竭蹶，艰于应付的时候，环境倒越加复杂起来了，控制力不免趋于薄弱了。一部历史，‘政怠宦成’的也有，‘人亡政息’的也有，‘求荣取辱’的也有，总之没有能跳出这周期率。”

53岁的毛泽东肃然相答:“我们已经找到了新路，我们能跳出这周期率。这条新路，就是民主。只有让人民起来监督政府，政府才

不敢松懈。只有人人起来负责，才不会人亡政息。”

几十年来，尤其是改革开放以来，这段对话不时被人提起。毛泽东“只有人人起来负责，才不会人亡政息”的论断，深刻揭示了“责任文化是国家存在和发展的根基”这一真理。

责任就是机会，或者说责任等于机会。事情越多，表明你越重要；困难越多，越能证明你的能力。守住责任，就守住了人生的精彩。

第二节 负责任的误区

很多自以为负责任的人仍然得不到机会，是什么原因呢？或许是因为他们进入了负责任的误区。以下每个误区都是一句话，这些话是我们平时一不留神就会说出口的，当你不经意间说出这些话的时候，可能你恰恰在扮演一个不负责任的角色。

一、这不是我的事

我们常常听人说："这不是我的事，所以不要找我。"难道真的不是你的事吗？你认为不是，是因为你不愿意为这件事负责任。如果你愿意负责任，本来不属于你的事，你也会当做自己的事去做；相反，即使是你的事情，如果你不愿意负责任，你也会有理由推脱。

笔者在学校进行公益演讲时经常问："如果教室很脏是谁的事？"有的学生会说："报告老师，这是值日生的事，他没有打扫卫生。"也有的学生会说："报告老师，这是我的事。"然后马上去打扫。

在台湾各大报纸的招聘广告中，经常会出现"只招忠信毕业生"字样。忠信学校的校长是这样教育学生的：校园不干净，就应该是"我的责任"。试想，这么大的一个校园，你不破坏，我不破坏，它会脏吗？脏了以后，人人都去打扫，它还会脏吗？学校有专门打扫卫生的工人，但如果你仅指望几个工人做这个工作，说："这是他们的事。我是来读书的，不是来扫地的。"这就不对了。

《吕氏春秋·察今》有云:“故审堂下之阴,而知日月之行,阴阳之变;见瓶水之冰,而知天下之寒,鱼鳖之藏也。”窥斑见豹,从一些对待小事的态度就可以看出一个人是不是负责任。

社会上到处张贴小广告已经不是什么稀罕事儿了。公交车上、站牌上、火车上、电线杆上、人行道上……简直是给干净的城市贴了无数张乱七八糟的狗皮膏药。用油漆刷掉,不久又会在上面写着:刻章、办证……为何这种现象屡禁不止?这还是与责任心有关,同时,也反映出部门管理者责任心不强。这种小广告后面一定会附上电话号码,为什么不从手机号码管起呢?如果手机号码是实名制的,通过小广告上的号码就可以查到其主人。但是我们看到,许多手机号是给钱就卖的,根本不需要登记身份,这样就没办法进行查处了。出售这种不记名的卡,该追究谁的责任呢?

学校里、社会上是这样,在企业中也经常有这种“事不关己,高高挂起”的现象发生。

有家房地产公司,声称其提供一条龙服务,房子卖出去之后,还负责物业管理。有位业主对自己家里装潢的线路不是很满意,于是来到该公司的销售部投诉。

销售部的管理人员说:“这不是我们的事情啊,你找我们干吗?”

业主说:“我是从你们公司买的房子,我不找你们找谁啊!”

销售部的管理人员说:“先生,这个事情不归我们管,我们是售楼部,只负责卖房子。卖房子是我们的事情,卖出去之后就不是我们的事情了,房子的问题归物业管理部门管。”

该业主听后觉得有点道理,于是他找到物业管理部,那里的管理人员又说:“先生,这个事情也不归我们管,这个房子不是我们造的,房子是工程部造的,所以房子有问题你要找工程部门解决。”

业主找到工程部,工程部的管理人员告诉他:“先生,这个事情也不归我们管，因为我们造房子的时候是按照图纸造的，图纸是设计部设计的，如果你对房子的设计有意见要去找设计部门解决。”

业主又找到设计部，设计部的管理人员告诉他：“先生，这个房子的设计工作在三年前就完成了，如果你对房子的设计有意见，三年前就应该来找我们，那个时候是我们的事情，现在已经不是我们的事情了，你来迟了。”

搞来搞去，最后竟成了业主自己的责任！业主气不过，直接找到该公司的董事长投诉。董事长认为这是他们的团队建设没有做好，于是就请老师为他们公司的员工培训团队协作方面的课程。老师在培训结束后建议该公司实行“首问制”，即顾客问到谁，就是谁的责任。比如问到销售部的管理人员时就应该说：“先生，请您留下您的联系方式，我们会在三天之内给您答复。”三天内业主接到电话，销售部管理员说：“先生，这件事情我们已经做了协调，由某某部门负责处理，将由某某人跟您具体联系，为了便于你们联系，我们已经把您的联系方式告诉他了，他会在三天之内打电话给您。为了便于您跟他联系，我把他的手机号码也告诉您。”这就很好地体现了团队协作精神，体现了负责任的态度。

人人都能主动负责，天下哪有不兴盛的国家？哪有不团结的集体？同样，对于一个企业来说，如果每位员工都把企业的每一件事看成是自己的责任，企业哪有不兴旺的？哪还有那么多麻烦事？

对于一个组织来说，如果其每位成员都把组织中的每一件事看成是自己的事，会是怎样的景象，大家可以想象一下。迪士尼公司就杜绝员工回答顾客时说：“别问我，这不是我的工作！”

二、这不是我的错

第二个误区跟第一个误区的区别在于，“这不是我的事”是说这件事与我无关，所以我不负责。“这不是我的错”是说这件事情虽然与我有关，但错不在我，而是别人的错，所以责任不应由我来负。

工作业绩不理想，这不是我的错，那是因为遇上了金融危机。

产品质量不过关，这不是我的错，那是因为质监部门没有检查出来。

自己一直怀才不遇，这不是我的错，那是因为“千里马常有，而伯乐不常有”。

……

如果看不到自己的错，你就很难改变现状。无论遇到什么问题，首先一定要检讨自己的责任，对自己说：“这是我的错。”并找出原因，然后集中精力解决问题。“这是我的错”这句话不仅体现了对于“责任”二字的理解层次，也体现了一种思想境界、道德境界、人生境界。

首先，有些错误事情的发生，的的确确是由于你自身的错误引起的。这种情况下，当然要勇于承认自己的错误。但是，人们往往对于承认错误和担负责任怀有恐惧感。因为承认错误、担负责任往往会与接受惩罚相联系。其实，犯错并不可怕，可怕的是没有主动地从内心深处承认自己的错误，错过了解决问题的最佳时机，也让自己被逃避责任的不良习惯继续侵蚀。不要害怕说：“这是我的错！”事实上，这句话会使你付出的代价最小。

卢梭是法国著名的革命家、哲学家。但是他小时候却做过一件令自己十分懊悔的事情。卢梭曾在一个有钱人家里打工。一天，这家的女主人去世了，家里非常混乱，卢梭乘机偷偷拿了这家小姐的一条绣带。卢梭当时只是觉得好玩儿，也没有特意藏起来，不久事情就被发现了。老管家把卢梭叫到跟前，拿着那条绣带问卢梭：“这条绣带是哪里来的？”

卢梭当时非常紧张，支支吾吾了半天后说：“是马里翁送给我的。”

于是，管家又把马里翁叫来，让她和卢梭当面对质。卢梭由于做贼心虚，指着马里翁抢先大声地说：“就是她！是她把这个东西送给我的。”

姑娘吃惊地瞪大眼睛看着卢梭，好半天才说：“不是的，管家。我根本不知道这件事，我也没见过这条绣带。”

由于卢梭和马里翁都不承认是自己偷拿了绣带，管家只好把两个人都辞退了，并且说：“撒谎者的良心会惩罚罪人的，它是会为无辜的人找回公道的。”

老管家的预言果然没有落空，卢梭从此受到了来自良心的强烈谴责。卢梭没有勇气承认自己的错误，反而错上加错，诬陷了善良无辜的马里翁。他逃脱了法律的制裁，却没有逃脱良心的谴责。卢梭终生都得承受着这种痛苦。如果再给卢梭一次机会，他一定会毫不犹豫地对老管家说：“对不起，先生，是我拿的。这是我的错，这件事情与马里翁无关。”

其次，有些错误的发生，是与你有关的。虽然主要原因不在于你，但并不是说你就完全没有责任。对于责任的认定，往往有主要责任和次要责任之分，尤其是那些有争议的次要责任。之所以有争议，是因为次要责任也是责任，不能完全逃脱。

2010年2月1日晚，在嘉兴市海宁城区，22岁的小林和朋友喝酒后独自开车遭遇车祸，不幸身亡。

悲剧发生以后，痛不欲生的小林父母以当晚和小林同饮的五人没有尽到保护好小林的责任为由，将他们告上了法庭，并要求他们承担60%的损失。

海宁法院最终判定：小林个人应对本起事故负主要责任。而与小林一同前往娱乐场所的小金，明知小林喝了大量的酒，却先行离开，虽有口头关照，但事实上仍是放任小林醉酒后自行驾车回家，没有起到陪护的义务。因此，法院判其赔偿事故损失的10%，再支付小林父母精神损害抚慰金5000元，共计人民币四万余元。

对于小卢、小李及小李父亲，法院判定：因为在小李一家离开后，小林是另行安全到达娱乐场所的，这已经超出了他们的照顾范围，因此他们对本起事故没有过错。

而对于小蒋，法院判定：他是受小林之邀到达娱乐场所的，后又提前离开包厢。另外，也无证据证明小蒋在包厢期间对小林有恶意劝酒等行为，故小蒋对小林的死亡没有责任。

律师释疑，法院判决体现了公平责任原则。这样的原则有助于加强“酒友”的责任意识，能有效避免和减少类似事情的发生。

据悉，2009年9月，上海一名叫张峰的男子和六名同事聚餐，席间七人喝了不少酒。酒后张峰骑轻便摩托车回家，途中发生车祸不幸死亡。事发后，死者家属状告死者生前共同饮酒者赔偿。该赔偿案于2010年1月份在上海市嘉定区人民法院开庭审理，后经法院调解，六名共饮者共赔偿死者家属人民币3.8万余元。

第三，有些错误的发生，本来是可以通过你自身的努力而避免的。例如，也许你能多关心一下，那么错误就不会发生了；也许你为此多做一点事情，那么错误就不会发生了；也许是因为你做得太多了，错误才发生了；也许你什么都不做，错误就不会发生了……

陈教授曾答应地方政府参加一个很重要的会议，当时他的同事王教授在场。但后来陈教授又答应一家企业的授课邀请，时间是同一天。在这一天到来之前的一个下午，王教授特意提醒陈教授不要忘记政府的邀请，陈教授这才想起同一天他安排了两个活动。陈教授随即跟企业作了协商，更换了时间，事情得到了妥善解决。陈教授很感激王教授，因为这件事情跟王教授真的没有一点关系。王教授却说：“陈教授是我很敬重的同事，公务非常繁忙，事多事杂就容易出错，作为同事，如果没有给他适当的提醒，那就是我的错了！”

第四，有些错误在发生之后，应该是由你来进行弥补的。你无法掌控错误的发生，错不在你；但解决问题却是你可以掌控的，事情解决不了，就是你的错了。当我们面对错误的时候，不要去想如何证明错误不是自己造成的，而要勇敢地面对错误并采取一切可能的补救措施，将错误造成的负面影响降到最低点。

汤姆·邓普生下来的时候，只有半只脚和一只畸形的右手。但他没有因为自己的残疾而感到不安，正常男孩儿能做的事他也能做。如童子军团行军五千米，汤姆也同样能走完五千米。后来他要打橄榄球，他发现自己能把球扔得比任何一个同伴都要远。他还请人为自己专门设计了一只鞋子，参加了踢球测验，并且得到了冲锋队的一份合约。在之后的比赛中，汤姆·邓普不断地创造奇迹，终于成为著名的职业橄榄球运动员。汤姆·邓普知道，残疾不是他的错，但如果被残疾击倒就是他的错了。与汤姆·邓普相比，在我们身边，又有多少人一直在做着错事呢？

真正决定事物结果的根源并非该事物的本身，而是我们自己对该事物的信念、评价与解释。即一切的根源不是事物的本身，而是有权对该事物作出不同评价的我们自己——我是一切的根源。改变自己，才能改变周围的事物。只有从自己身上找原因，我们才能最终解决问题。这就是“这是我的错”这句话所要揭示的深刻内涵。

其实，在我国很早就有这样的经验，古圣人所云“责己严，责人宽”、“吾日三省吾身”不都是在检讨自己吗？

三、这不能怪我

“这不能怪我”跟上一种说法“这不是我的错”的区别在于

知道自己有错，但认为发生错误的原因不在自己，所以不愿承担责任，其实也是在逃避责任、推卸责任。

逃避责任的主要方法是寻找借口。如早上迟到了，在路上就苦思冥想地找借口，如果被领导看见怎么说？终于找到理由了：堵车。理由找到了，也就安心了，可以大大方方地走进单位了。

而推卸责任就像是打太极拳：往左一推“这是你的责任”，往右一推“这是你的责任”，往前一推“我什么责任也没有”。

三只老鼠一同去偷油喝。找到了一个油瓶，三只老鼠商量后，一只踩着一只的肩膀，轮流上去喝油。于是三只老鼠开始叠罗汉，当最后一只老鼠刚刚爬到另外两只的肩膀上，不知什么原因油瓶倒了，惊动了人，三只老鼠逃跑了。回到老鼠窝后，大家开会讨论偷油喝为什么会失败。

最上面的老鼠说：“我没有喝到油，而且碰倒了油瓶，是因为下面第二只老鼠抖了一下，所以我碰倒了油瓶。”第二只老鼠说：“我抖了一下是因为我感觉到第三只老鼠抽搐了一下，我才会抖的。”第三只老鼠说：“对！对！我是因为听见门外好像有猫的叫声，所以抽搐了一下。”哦，原来如此呀，大家都没责任，是猫的责任！

企业里很多人也具有偷油老鼠的心态。

有家企业最近销售情况不佳，于是开会分析原因。

营销经理说：“这不能怪我们，竞争对手纷纷推出新产品，而我们公司没有研发新产品，所以我们无法与其竞争。”

研发经理说：“我们最近推出的新产品是少，但不能怪我们，我们原本就少得可怜的预算，也被财务削减了！”

财务经理说：“我们是削减了你们的预算，但是你要知道，公司的采购成本在上升，公司的钱不够啊！”

采购经理说：“我们的采购成本是有所上升，那是因为俄罗斯的一个生产铬的矿山爆炸了，导致原材料价格大幅上升……”

于是大家都放心了，我们大家都没有责任了！

总经理站起来作了总结性发言：“现在只有一个办法，通过中华人民共和国驻俄罗斯大使馆向俄罗斯政府提出抗议，谴责他们那个矿山为什么要爆炸！”

规避责任是人的本能，也可以说是人的劣根性。

上帝派亚当去掌管动物，又在亚当睡觉的时候取下他的一根肋骨造了夏娃，这样亚当就不会孤单了。亚当和夏娃光着身体，很幸福地生活在伊甸园里，与上帝和谐相处。

可是，所有动物中最邪恶的一种——蛇，它引诱夏娃去偷吃禁果；夏娃偷吃禁果之后，又摘了一个递给亚当，亚当吃了之后，他们彼此对望，突然意识到自己是赤身裸体，也明白了男女身体有别，便有了羞耻感。于是急忙摘下一些无花果树的叶子盖住身体。

天黑下来，有了凉意，他们听到上帝的声音，上帝来到了园中，他们就藏了起来，上帝看不见他们两个，便喊亚当，问他在何处，为何藏起来。亚当答道：“听到了上帝的声音，感觉很害怕。”上帝说：“如果你害怕，那一定是吃了我禁止你们吃的果子。”

亚当立即指着夏娃说：“是这个女人让我吃那果子的。”

“是的，”夏娃答道，“可是，诱惑和欺骗我的是那条蛇。”

看到没有？看来人类的祖先就是喜欢推卸责任的，要克服推卸责任的毛病还真不容易。

但我们必须知道，推卸责任的人是不可靠的，机会也不会光顾推卸责任的人。没有责任，却能轻轻松松地领取薪水，这是多么快意的事情啊，就像滥竽充数的南郭先生未被发现的那段时期一样。但是，这样的好事绝对不可能长久，不愿意承担责任的人，早晚要被扫地出门，即使侥幸没有被赶走，也会因为长期不承担责任，长期得不到锻炼而能力退化，进而被淘汰。

邻居家养了两只狗，其中一只很勤快，而另一只却不分昼夜地睡懒觉。有一天，邻居突然觉得一只狗就能看好家，养两只狗实在没必要，于是决定杀掉一只。经过比较，他把天天睡懒觉的那只狗杀了，一方面因为这只狗没尽到看家的责任，另一方面因为这只懒狗因为好吃懒做长了一身肥肉。

人和狗是有区别的，所以很多人不喜欢这样的比较。但无可争辩的事实是类似“邻居家的狗”这样的情节，在职场上也反反复复上演着。承担责任越多的人，越容易得到晋升和加薪的机会，承担责任越少的人，越容易被列入裁员名单。

推卸责任的人很愚蠢。日常生活中，每个人都难免会出现错误，但当问题发生后，有些人为了推卸责任，找出许多借口为自己辩解，并且说得振振有词，头头是道。如他们不采纳我的建议、我是按照公司的要求做的、这事我早就安排下面的人去做了等等，其实，这样做并不能把责任推得一干二净。

王局长装修房子，去灯具市场买灯。因为买好后就出差了，所以说好第三天上午给他送货上门，因为第三天下午他还要出差。可是到了第三天上午，王局长问他们什么时候来时，他们说并没有安排，因为需要提前一天进行预约，最快也要下午了。王局长说你们看看购货单，那上面我已经把预约时间都写得很清楚了，我是提前两天预约的。客服找到购货单之后，为自己找了个很好笑的借口：“这上面只写是上午，并没有说是几点钟。”王局长不得不教他一个常识，于是说：“通常11点钟之前叫上午，11点钟之后叫中午了。你最多可以把上午理解成为12点之前。”电话那头沉默了一下。王局长接着告诉她：“如果你已经意识到自己错了，说声对不起就可以了，没有必要找那么多借口。虽然你们没有兑现之前的承诺，耽误了我的时间，但如果你们不强词夺理，我作为顾客至少心里会好受些。”之后，王局长邀请培训老师为全局干部、职工讲了一堂责任课，以进一步增强大家的责任意识。

承担责任的人很聪明。一个人与其为自己的失职找理由，倒不如大大方方地承认自己的失职。别人会因为你能勇于承担责任而不责难你；相反，敷衍塞责，推诿责任，找借口为自己开脱，不但不会得到别人的谅解，反而会“雪上加霜”，让别人觉得你不但缺乏责任感，而且缺乏诚意。举一个非常简单的例子，如果我们不小心踩了别人一脚，对方也许会朝你发怒，此时你应该怎么说？“对不起，踩了你的脚。”对方又会怎么说？“没关系，以后小心点就是了。”这叫承担责任的结果。如果你推卸责任会是怎样的一种情景呢？你踩了别人一脚，对方对你怒目而视，此时你说：“你瞪什么眼睛，谁叫你把脚放在我脚下面的？”结果会怎么样？即便不打起来也会吵起来。

在一些团队中，总是吵架不断，原因当然会是多方面的，但相互之间推卸责任至少是很重要的原因之一。

甲寺庙和乙寺庙毗邻，奇怪的是甲寺庙的和尚们非常团结友好，而乙寺庙的和尚们却天天吵架。乙寺庙的住持决定到甲寺庙去考察一下，学习他们的管理秘诀。他走到甲寺庙的门口，碰到一个小和尚。乙寺庙的住持很谦虚地问：“小和尚，你们寺庙的人为什么那么团结从不吵架呢？”小和尚说：“哦，是因为我们寺庙里的和尚每个人都会犯错误啊。每当犯错误后，大家都会承担责任，自然关系就好了。”住持觉得很奇怪，正要再问的时候，见一个和尚跑进大雄宝殿时，一不小心摔了一跤。刚才说话的小和尚赶紧跑过去，把他扶起来，说：“哎哟，对不起，对不起，这都怪我，我知道里面的地拖得很湿，没有提醒你，都是我的错。”另一个和尚拿着拖布跑过来说："哎哟，摔疼了吗？对不起，这都怪我，我把地板拖得太湿了。"摔倒的和尚急忙说："不是的，要怪就怪我自己，是我自己不小心，我走得太快了。"乙寺庙的住持听了这番对话恍然大悟，团结的秘诀已经学到了。

责任心是衡量一个人成熟与否的重要标准。责任心是一种习惯性行为，也是一种很重要的素质，是成为一名优秀的职业人所必须具备的。

西点军校的章程说得好！责任保证一切。责任保证了信誉，保证了服务，保证了敬业，保证了胜利……正是这一切，保证了一切组织的竞争力。

四、又不是我的错

这里的"又不是我的错"和第二个误区"这不是我的错"是有区别的，后者强调的是他"没错"，而前者强调的是因为没有错，所以不应由他"纠错"。很多人在思维过程中存在这样的误区：如果是我的错，我会主动承担责任的；但如果不是我的错，我就没有必要负责任。这样的想法也是不负责任的想法。

首先，不是自己的错也是可以负责任的。你朋友的孩子在你家打破了热水瓶，你难道会说这不是我的错，让你的朋友或他的孩子把地扫干净吗？你肯定会说："放着，放着，我来，我来。"不是你的错，你也会负责任。

有些人不愿意为与自己无关的事情负责任，可能是因为怕引火烧身。例如有人在马路上被车撞了，血流不止，奄奄一息，这个时候你会去救吗？假如说有人把伤者送到医院，旁人可能会对他说："怎么这么不小心，把人撞成这样？"这时他说这不是我撞的，旁人也许会很奇怪地说："不是你撞的，你会这么好心把他送过来？"现在社会上存在的这种观念非常不好——不是你的错你负什么责任？但是，作为一个负责任者，他的思维方式应该是——不是我的错，我就不能负责任吗？

难道不应该做好事吗？显然，做好事没有错，但问题出在哪儿呢？在方法和策略上。我们可以找到既能帮助别人又能保护自己的方法。比如，看见有人落水了，你救人的方法很多，直接跳下水救人、呼喊路人救人、找根长竹竿把他拉上来……如果自己不会游泳，脑子一热就下水救人，不但救不了人，连自己的小命也会搭上。

其次，受委屈也要负责任。德兰修女1910年8月26日出生于奥斯曼帝国科索沃省的斯科普里一个阿尔巴尼亚裔家庭，于1928年加入修会，翌年赴印度传教。1950年，她创立仁爱传教女修会，一直为贫民服务。1979年，她获得诺贝尔和平奖。

有一段德兰修女贴在墙上的话是这样写的：

人们不讲道理，思想谬误，自我中心，不管怎样，总是爱他们；

如果你做善事，人们说你自私自利，别有用心，不管怎样，总是做善事；

如果你成功后，身边尽是假的朋友和真的敌人，不管怎样，总是要成功；

你做的善事明天就被遗忘，不管怎样，总是要做善事；

诚实与坦率使你易受攻击，不管怎样，总是要诚实和坦率；

你耗费数年所建设的可能毁于一旦，不管怎样，总是要建设；

人们确实需要帮助，然而如果你帮助了他们，却可能受到攻击，不管怎样，总是要帮助；

将你所拥有最好的东西献给世界，你可能被踢掉牙齿，不管怎样，总要将你最好的东西献给世界。

这里每句话中的“总是”二字有千钧之重，这就是她对人生责任的执著，对责任无怨无悔的坚持。

最后，责任有主观责任，也有客观责任。客观责任是指按有关的规定必须履行的责任，而主观责任是指自己认为有责任。同事开会迟到，从客观上说，当然是他自己的责任，但如果你认为你可以提醒他却没有提醒，致使他迟到了，这就是主观责任。现代京剧《磐石湾》中，民兵连长陆长海对被敌人利用的民兵海根进行阶级教育时的唱段里，先是对海根进行了严厉的批评：

谁料到，谁料到，
伤痕犹在，
你的思想变，思想变，
海根哪！
你只顾得，
只顾得埋头下网，
竟不知暗礁能毁船。
阶级警惕已渐忘，
竟把那砒霜毒酒作甘泉。
你忘了野兽本性难改变，
竟与那豺狼同行，
虎豹同眠！

但最后的几句话却是对自身领导责任的勇敢承担：

也怪我责任未尽缺少帮助与共勉。
想到此心如刀绞，
惭痛不安！

海根被敌人利用，客观上是海根的责任；但陆长海认为是自己对他教育得不够，所以他从主观上找自己的责任，主动承担了责任。

负责，不仅意味着敢于承担个人的责任，而且意味着在出现错误时勇敢承担，不要为自己不停地辩解，而要学会说“我错了”。

五、你要负责任

一些人总喜欢指责别人不负责任，总喜欢说：“你要负责任！”忽略了自己也应该负责任，而且首先是自己要负责任，负责任要从自身做起。

老板经常抱怨的是员工不负责任，制造商经常抱怨的是经销商不负责任，生活中，我们经常抱怨的是对方对自己不负责任。

老师给员工上课，会号召员工对企业要有忠诚度；给老板上课，会号召老板们对员工也要有忠诚度。如果员工发现哪里工资高就到哪里去，是对企业没有忠诚度，对企业不负责任；企业找到更合适的员工之后，就把原来忠心耿耿的员工辞退掉了，是企业对员工没有忠诚度，对员工不负责任。

笔者在给一个品牌的经销商上课时，听到了厂家跟经销商之间的相互指责。厂家说经销商忠诚度不高，经销多个品牌，对本厂的品牌不重视；经销商也在指责厂家，一旦销路打开，他们这些老经销商就会被替换掉，经销商的利益得不到长远的保障。

关于银行的例子就更明显了。我们到银行办银行卡，被告知要付十元钱的手续费。而在几年前，银行卡是银行职工上门“兜售”的，办卡不要钱，储户推脱不掉才会办。后来，说是第一年不要手续费，第二年开始就要付十元钱的年费了。现在是一开始就要收年费了。还有ATM自动取款机，原来跨行取款是不收费的，后来也收费了。现在，不但跨行取款要收费，连查款也要收费了。还有银行的服务，以前银行有很多储蓄所，客户办理业务很方便，现在不行了，客户到银行办理业务要排很长很长的队，我们到银行存款，等上半小时甚至几小时是常有的事。现在排队时间最长的恐怕就数银行了，经常看到的情景是很多顾客在等待，有的甚至没有椅子坐，只能站着！这就是企业对消费者的不负责任。

广东一家做小家电的私营企业，也算是颇有知名度了。该企业在20世纪90年代初卖方市场的环境下，利用有利时机掘到了第一桶金，但在近五六年里销售额不仅始终徘徊在三亿多停滞不前，而且由于行业竞争和消费者的成熟，利润额急剧下降。该企业连续换了几任销售总监，始终改变不了这种现状。老板更是苦闷，找不到问题所在。后来，该老板参加了一次总裁班学习后终于找到了问题的根源，其实就是自己对员工没有忠诚度、对经销商忠诚度不高、对消费者不忠诚、对品牌声誉不负责任所造成的。

在我们周围，常常会看到一些人在埋怨别人对他不负责任。如果有人对你不负责任，原因大致有两条：第一，你缺乏让别人对你负责任的能力。一些管理者总是埋怨下属不负责任，却从来不采取方法帮助下属负责任，从来不开会、不教育、不培训、不鼓励。第二，你自己树立了一个不负责任的榜样。别人很难按照你要求的去做，反而更容易按照你的做法去做。所谓“言传不如身教”、“榜样的力量是无穷的”、“喊破嗓子不如做出样子”……讲的都是这个道理。

2008年6月《人民日报》曾经刊登了河南油田精蜡厂丙烷车间四班班长牛学明的事迹，他时刻告诫自己：“要求别人做到的，自己首先要做到。”他认为作为一名共产党员、一位基层的班长，只有这样，管理别人才会有人听、有人服，工作也才能扎实开展。多年来，他用行动践行着自己的诺言。

炼油是高危行业，安全生产是一切工作的重中之重。为了提高班组成员安全责任意识，牛学明首先严格要求自己，在生产中牢固树立“安全第一，预防为主”的思想，同时以自己的行动来影响和带动整个班组。他认为自己的行为就是班组成员的镜子，要求别人做到的，自己首先要做到。

每次接班，他都坚持提前二十分钟到岗，为的是更好地保证接班前的巡回检查。检查时严格认真，尽可能不放过每一个隐患。在2009年3月安装高压空冷泄漏期间，他坚持每班多次对高压空冷巡检，以防止因大面积泄漏而出现着火、爆炸事故，曾两次发现并处理了高压空冷泄漏。由于高压系统压力过大，温度也较高，漏点如果不能及时发现并进行处理，在高温高压及内部溶剂的腐蚀作用下，泄露点将会很快扩大造成大量溶剂泄露，从而形成极大的安全隐患。由于他发现及时处理有效，消除了漏点继续扩大给安全生产带来的影响。

在班组管理中，他深刻地认识到，要实现装置的安全生产，光靠责任心还不够，必须提高整个班组成员的技术水平，只有技术水平高了，处理各类突发事件才能及时、有效，才能最终实现安全生产。因此，他经常组织班组成员学习各类事故预案，并进行实际演练，对发现的疑难问题同大家讨论研究，发挥每个人的能动性及聪明才智。同班组人员一起进行事故预想，提高每个人的技术素质及应对事故的能力，使班组整体技术水平不断提高。在发生的几次停气、晃电事故中，该班组都能做到各岗位协调合作，熟练处理，实现了装置的安全平稳运行。在他的带领下，班组近三年来在车间月度评比中，多次名列前茅，并多次获得该厂安全先进班组、双文明先进班组、技术练兵优胜班组等称号。

当你拥有了“责任心”后，一切思想观念都会转变，这是积极的，也是向上的，你懂得了如果干一行，就得爱一行，也懂得了做事就要做得光明磊落。坚持下去，你会发现生活更美好。

六、我没有能力负责任

有人说：“其实我是愿意负责任的，只是我的能力有限，不可能

对什么事都负责。”你真的没有能力吗？

对神经语言学的研究发现：“每个人已拥有所需的一切资源，来应对他们所面临的任何处境。”你认为是能力问题，其实是态度问题。

四川有一位老妇人，她十岁的小孙子突然得了一种病，常年躺在床上。这位老人为了让孩子不丧失学习的机会，她决定自己去替孙子上学。七十多岁的老人风里来雨里去，每天往返数十里山路，替孙子去听课，记下笔记，晚上回来再一字一句地教他孙子。她坚持了整整三年的时间、一千多天，让这个孩子以优异的成绩通过了毕业考试！新闻照片上，老奶奶和孙子的同学一起站在黑板前演算习题，这张照片一直在人们的脑海中挥之不去。

你认为自己的孩子跟自己有关，你去关心他、爱护他，是不会觉得自己能力不够的。端正了态度，你就会“千方百计”去帮助他，于是就有了解决问题的方法，自身的能力也就有了用武之地。

1994年第十二届亚运会在日本广岛举行，闭幕式结束后，六万多人的会场里居然没有留下一张废纸、一粒果壳，这一场景令人难以置信，令全世界震惊！全世界的报纸都登文惊叹：“可敬、可怕的日本民族！”

2002年6月18日，“世界杯”足球赛韩国进入八强，韩国总统下令全国放假庆贺。首尔四十万人纷纷上街，边看直播，边喝酒，热热闹闹、通宵达旦。但第二天清晨，人们走出屋子，首尔的大街小巷，绿茵广场，干净得就像昨天什么也没有发生过一样。

新加坡是个花园国家，城市很美、很干净，在那里，即使是刚刚学会走路、踉踉跄跄的小宝宝，剥落的糖纸掉在地上，父母也会教他捡起来，自己扔到垃圾桶里去。

爱国是个大主题。现在有很多人都在谈爱国，但如何体现爱国，谈的人就相对少得多了。爱国首先是一种情感，但又不仅仅是一种情感，它更是一种理性的认识、一种科学的理论、一种事实的行动；爱国主义体现为有益于社会的行动，热爱祖国、建设祖国，以实际行动去体现自己对祖国的热爱是理性爱国的方式。爱国其实很简单，就是不往地上丢一张废纸，或者从地上捡起一张废纸，这不是很容易做到的吗？

处处都是爱国主义！任何一个行为都可以爱国。爱国是如此，其他责任的承担也是一样。你是有能力的！

在《孟子·梁惠王篇上》中，孟子有句名言："挟泰山以超北海，语人曰'我不能'，是诚不能也。为长者折枝，语人曰'我不能'，是不为也，非不能也。"意思是说背负泰山穿越北海，的确是件不可能做到的事，若为老者折取树枝为杖而说不能，这就是不为而非不能了。这里的"非不能也，是不为也"意思是不是不会做，是不肯去做。

负责任是提高自身能力的一个重要方法。并且，当你愿意负责，特别是对那些你认为和你无关的事负责的时候，你就会变得重要起来。

七、我负责任没用

"别人不负责，我想负责也负不起来。"

"大家都不负责，我一个人负责也白搭。"

"我一个人负责任？我怕枪打出头鸟。"

这是很多人不愿意负责任的理由。

一个老人沿着荒凉的海滩欣赏日落时，望见远远的海岸边有一个小孩儿，走近之后，他发现小孩儿正把海水冲刷上岸的海星一个一个地丢回海中。老人感到十分疑惑，于是走到小孩儿身边问他：

“你在做什么呢？”小孩儿回答：“我把这些海星丢回海里。现在已经退潮了，如果我不把它们丢回海里，它们就会死在这里。”老人仍旧感到疑问：“这么长的海岸线，有成千上万的海星，你这样做实在是太微不足道了，能改变什么呢？”小孩儿微笑着又拾起一只海星丢进海中说：“我又改变了一只海星的命运。”

海星的故事最动人的地方，是它告诉我们无论力量是多么渺小，无论我们面对的困难有多大，一个人只要愿意，其实都可以让世界变得更好。

笔者多年不辍做“责任行”巡回演讲，就是要让我的听众学会负责任。有时候也有学员向我投诉，说听了演讲之后没有用，还是没有负起责任来。我让他们做了一个区分：是“还是不负责任”，还是“还有不负责任的时候”？得到的回答是听了演讲之后，负责任得多了，只是还有不负责任的时候。我说那就够了。我不指望我的一次演讲能完全改变一个人，能够多少促使他改变也就能体现我演讲的价值了。我一个人的力量是有限的，但我没有因为我个人的力量有限，就放弃自己的努力，我在坚持做这个课题，我要让每一个中国人都学会负责任。

我曾在一家企业做教练，每个月到他们公司上一天班。刚到这家公司的时候，发现那里很脏，尤其是厕所，好像根本就没有安排人打扫一样。我跟他们的办公室主任交流，怎样才能把公司的卫生搞好。办公室主任说：“大家都不愿意把卫生搞好，是搞不好卫生的。”我说：“可不可以让办公室的人先把卫生搞起来呢？”办公室主任说：“谁愿意出这个头呢？”我说：“你可以吗？”他说：“我一个人搞卫生改变不了公司的环境。”我说：“那么我先试试看。”

我问他公司什么地方最脏？他说：“那当然是厕所。”于是我就去打扫男厕所。打扫完了之后请办公室主任来检查。办公室主任检查之后说:“干净是干净了，但干净这么一次有什么用?”我问他:“今天是不是干净的?”他说:“是的。”我说:“我今天打扫一次，至少今天是干净的，如果你明天打扫一次，那么至少明天也是干净的。”办公室主任说:“那好，既然您都可以扫厕所，我也可以。我们轮流扫。”

只过了两个星期，就有人看不下去了:“不能总让老师每次来给我们扫厕所吧，也不能让办公室主任一个人扫吧?我们轮流扫吧。”于是公司的厕所每天都能保持干净了。

三个月之后，公司的卫生状况彻底有了改观。

一名没有责任感的员工不会是一名优秀的员工，每位老板都很清楚自己的公司需要什么样的员工，哪怕你是一名做着最不起眼工作的普通员工，只要你担当起了自己的责任，你就是老板最需要的员工。

八、我已经负了责任

这里讲的是如何承担责任?很多人把负责任理解成为接受惩罚，其实惩罚不是目的，解决问题才是目的。追究责任是为了进步，防止以后出现类似的问题，进行负责任的教育。如果有处罚，那也是手段，不是目的。你负责任的结果应该是不再发生同样的问题。

所以承担责任要同时做好以下三件事:

(1) 承担责任;

(2) 寻找原因;

(3) 解决问题。

你承担责任的目的是为了解决问题。

在生产线上出现了一个次品，当班的员工是肯定逃脱不了责任的，那就等着扣奖金、受处分吧，反正我是勇于承担责任的。那么原因呢？是因为这两天心情不好，还是家里有私事，影响公司的工作？能不能做到把私事和公事区分开呢？

次品事件有可能牵扯到那个生产组的组长，组长想："这件事情我有责任，是由于我管理不够严格，还是我没有关心员工，没有把组里员工的积极性发挥出来呢？"

可能会牵扯到车间主任，这个次品出现在他的车间，他这个车间主任应该负什么责任？是什么原因引起的?这个问题应该怎么去解决？

可能会牵扯到分管生产的副总经理，副总经理会寻找原因，是不是公司的政策没有贯彻到每个员工的心里？是不是规章制度没有制定好？如果问题出在规章制度上，就要去完善。

董事长、总经理就牵涉不到吗？企业培训中经常说要全员激励，但董事长、总经理却从来没有去做，认为只要把中高层干部教育培养好就可以了；你认为员工是不重要的，员工就会认为他正从事的工作也是不重要的！

找到了原因，才能对症下药；对症下药，才能解决问题。

在某省道边，一年发生重大交通事故八起，死亡八人，被列为省级交通事故黑点。因此，这一地段的交警部门受到了严厉的批评。接受批评后，羞愧之余，他们在思考为什么笔直路段的事故会如此之多？交警们利用路检的时候，向过路司机了解情况，听取附近村民的意见，并多次实地查看，最终发现道路两侧隔离带的冬青是罪魁祸首之一。原来，道路两侧的冬青树因为疏于修剪，竟然长得高过人头，挡住了司机的视线，当村民横穿马路时，非常容易发生事故。春运期间，交警们花了两天时间，修剪了沿线每个出口处的冬青树，留给司机一个路面反应距离，让司机对道路出口情况一目了然。此后的一年，该路段发生的重大交通事故比上一年减少了六起，事故发生是上一年的四分之一。

如果进入了负责任的误区，你可能恰恰在扮演一个不负责任的角色。

第三节 尽职尽责的心态基础

一、心存感激地工作

心存感激地工作才会负责任地工作。如果你一面工作一面在痛恨老板、痛恨企业、痛恨工作，你会对工作负责任吗？

“羔羊跪乳，乌鸦反哺。”说的是动物尚且知道感恩，况且我们人类呢？

“饮水不忘挖井人。”“一粥一饭，当思来之不易；半丝半缕，恒念物力维艰。”说的是人应该懂得感恩。

相信很多时候人们都懂得感恩。你在问路的时候，别人告诉你正确的走法，这个时候你会说“谢谢”。这说明，人们在内心有感恩之情。

但令人费解的是，人们往往习惯于对陌路人感恩，但对生命中帮助自己、熟悉的人却不懂得去感恩。例如有人不会去感恩父母，有人说父母养育子女是理所应当的；很多人也不会去感恩上司，感觉上司很不好，总是提出很多的工作要求，对员工有很多的不满意，还会经常批评员工；一些管理者经常抱怨下属太差劲，做不好工作……

感谢父母的养育之恩自不必多说，感谢上司也在应当之列。大家要想一想，在读书之前是父母在教育我们，读书以后是老师在教育我们，工作之后是领导、上司在引导我们。所以，对待上司、领导就应该像对待父母、老师一样去尊重他们。

同样的道理，上司也应该学会对下属心存感激。上司应该明白，下属的岗位绩效是自己岗位绩效的一个构成部分，下属在自己的指导和帮助下，取得成就，这是下属对上司的最好报答，上司必须心存感恩。哪怕下属有一些地方做得不好、不对，上司也要想办法以爱心去帮助他成长进步，多问问自己对下属的进步是否尽到了应尽的责任。

尤其需要说明的是，作为组织成员，对组织心存感激是理所应当的。

一次我在一家公司给员工上课，一名经理非常好心地告诉我："老师，你要当心一点，我们老板很坏。"

我问："你们的老板怎么个坏法？"

他跟我数落了一大堆老板的坏处，就像是在控诉万恶的地主一样。

我说："既然你们的老板这么坏，为什么你还要给他干活？"

他回答说："不给他干活没有更好的地方去，现在不是时候，以后迟早要离开。"

于是我给他分析："既然你说没有更好的地方可去，这个工作就是你最佳的选择。而且是你目前的企业在收留你，是你现在的老板给你一个施展才华的平台，给你一份收入让你养家糊口，这是公司和老板对你的贡献。而你呢，随时随地讲老板的坏话，把这个企业当做跳板随时准备背叛。你说到底是你自己坏还是老板坏啊？

我的一番实事求是的分析终于让这名经理意识到自己说老板的坏话是不对的，是自己缺少感恩的心态。

很多人只看到组织的不足之处，却很少想到来自组织的帮助。很多你现在拥有的东西，都是组织带给你的；如果没有你现在服务的组织，那么你所拥有的就可能会或多或少地失去。

李墨是某公司的老总，他手下曾有过一名员工，刚开始的时候李墨给他800元/月的工资。第二年涨到1200元/月，第三年涨到1800元/月，到了第四年，涨到3000元/月。后来，李墨听说这名员工一直在外面讲自己的坏话，于是就把这名员工叫到办公室。

李墨："你对我有什么意见啊？"

员工："我这么辛辛苦苦干活，给公司创造这么多的效益，每个月却只有3000元工资。"

李墨："那你需要多少？"

员工："有一个公司让我去，每月给我5000元。"

李墨："我相信这家公司会给你5000元，但是你要分析一下这5000元是怎么来的？至少应该有两个原因。第一，你从800元/月涨到3000元/月，说明你的能力提高了。你的能力之所以会提高，是在公司给你提供的平台上锻炼的结果，如果你还停留在800元/月的水平，现在凭什么去拿5000元/月的工资？第二，这家企业为什么愿意用5000元/月挖你这个人？因为你是我的助理，他们认为李墨培养出来的人肯定好。如果我告诉他这个人是被我淘汰、工作业绩不好的人，你想他会愿意花钱雇用你吗？"

员工："老板，你千万不要这么做。"

李墨："我肯定不会这样做，而且我会支持你去，我希望我培养出来的人都能够成为人才。"

不懂得感恩组织的人是不会受组织欢迎的。

王老板在招聘员工的时候喜欢问他们一句话："你们原来的老板怎么样？"

有的应聘者会说："我们老板很好。"

王老板继续问："那你为什么要离开？"

得到的回答："因为我是英语八级，在原来的岗位上没有机会完全发挥，老板觉到很可惜，他希望我有一个更好的发展平台。"

王老板说他喜欢这样的人，因为懂得感恩的人，是不会说原来企业老板坏话的。

但也有应聘者这样回答："我们原来的老板很坏，所以投奔你来了。"

这样的人，王老板是不敢要的，会劝他另谋高就。

员工和老板考虑问题的角度会不同，所以当你是一名雇员时，应该多站在老板的角度考虑问题，给老板一些同情和理解；当自己成为一名老板时，则需考虑员工的利益，对他们多一些支持和鼓励。很多员工对这一黄金定律还不理解，认为老板太苛刻。当他自己成为老板后，却觉得员工太懒惰，太缺乏主动性。其实，改变的只是看待问题的角度。在大多数情况下，老板想的是最好我少付一点薪酬，员工多做一点工作；而员工想的是最好工作轻松一点，同时收入高一点。

有位导游抱怨工作没有底薪，不符合《中华人民共和国劳动法》，她想去告老板；后来听说她想自己当老板，开一家旅行社。我问她是否有把握？她说："基本上没问题，因为导游是不需要发底薪的！"

很多员工认为老板对公司而言仅是一个投资者，是一个"最有权力的闲人"，在这种心态的支配下，很多员工有一种被剥削的感觉，有的甚至对老板产生了敌对的情绪。其实，这是一种非常错误的认识。别看有些老板平日里若无其事，一副轻松潇洒的样子，其实他们大都承担着不为人知的痛苦和责任。创维集团的总裁黄宏生把苏格拉底的"宁做痛苦的人，不做快乐的猪"作为自己的人生格言，这句话大概也是不少老板内心的真实写照吧。

有个连锁店老板决定再开两家新店，一些员工心理不平衡了："老板赚那么多钱！我们辛辛苦苦一个月也就几千元钱，跟老板比

真是有天壤之别。”得知员工的抵触情绪之后，老板说：“谁愿意跟我一起投资？”结果没有一个人站出来。

当老板有那么轻松吗？其实老板有更多的压力，需要承担更大的风险。如果你不想承担这种压力和风险，就只能选择当一名好员工。况且，如果老板不继续开连锁店，就会有很多的员工找不到工作，现在的员工也会失去涨工资的机会。企业的发展是社会进步的基础。

永远需要感恩，有一首歌叫《感恩的心》，讲的就是如何去感恩。当一名推销员向顾客介绍产品，介绍了半天顾客不买，推销员还是要感谢顾客花了这么多时间听你讲了这么多，我们知道，很多顾客不喜欢花时间和精力听推销员解说。员工还要感谢上司的批评，因为上司批评是帮助你提高工作品质，哪怕你以后离开这家公司，还是要感谢原来的老板和企业给你创造了成长的平台，让你有机会、有能力去从事更加重要、更有价值的工作。

这种感恩组织、讲原来老板好话的原则同样适用于日常生活中。生活中也要避免说别人的坏话，哪怕这个人真对不起你，你也不要去说他的坏话，喜欢说消极话的人是不受欢迎的。

有位朋友打电话给黄进：“黄进，我要结婚了。”

黄进：“你不是去年刚结婚吗？”

朋友：“我后来离婚了。”

黄进：“我怎么不知道？”

朋友：“结婚我会告诉你，离婚我怎么会告诉你呢？”

黄进：“那好，是不是又要喝喜酒了？”

朋友：“对啊，今天打电话就是要请你喝喜酒。”

黄进：“好的，你放心，我一定到场。”

朋友：“黄进，这次你可没那么轻松了。你可要给我讲两句，客串当回司仪。”因为黄进主持婚礼时气氛比较好，所以他答应了这位朋友一定会到。

等到结婚日期临近，黄进一直没有再接到这位朋友的电话，于是主动打电话跟他开玩笑说：“到现在都不打电话给我，是不是不想请我主持了？”

没想到朋友真的回答说：“对，不想请你主持了。”

黄进尽量克制住尴尬没有表现出来：“那好，你请其他人也是可以的，到时候我去喝一下喜酒就可以了。”

没想到这位朋友说：“喝喜酒你也不要来了。”

黄进：“喝喜酒也不要来，你是不是怕我不给红包啊？”

朋友：“不是这么回事，叫你不要来就不要来。”

黄进：“不说清楚怎么回事，我就偏要来。”

朋友只好说实话：“我不结婚了。”

黄进万分惊讶地问：“你怎么又不结婚了呢？”

朋友：“因为我那个老婆是二婚。”

黄进：“你自己不也是二婚？”

朋友：“我这个二婚比那个二婚好太多了。她总是在讲原来老公的坏话，而我从来不说以前老婆的坏话。离婚双方都有原因，没有必要说对方不好。这么一个不知道自我检讨的‘二婚’，我是不敢把她娶进门的。”

有一首诗，笔者做了修改整理，并且给它起了个名字叫做《感恩诗》：

我感谢关爱我的人，他让我得到了幸福；
我感谢让我爱的人，他让我学会了珍惜；
我感谢藐视我的人，他唤醒了我的自尊；
我感谢不爱我的人，他让我懂得了自爱；
我感谢伤害我的人，他磨练了我的意志；
我感谢欺骗我的人，他增进了我的智慧；

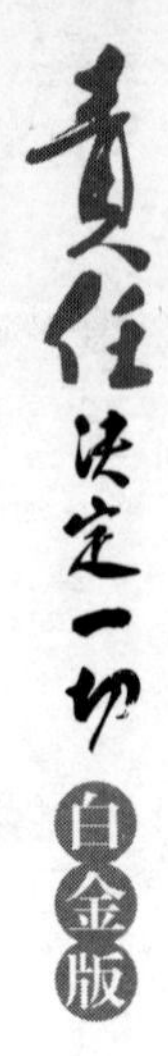

我感谢中伤我的人，他砥砺了我的人格；

我感谢鞭打我的人，他激发了我的斗志；

我感谢遗弃我的人，他使我学会了独立；

我感谢背叛我的人，他成熟了我的判断；

我感谢绊倒我的人，他强化了我的双腿；

我感谢斥责我的人，他提醒了我的缺点。

总而言之，我感激所有使我成长的人！

当我们将“感恩”当成一种习惯时，就能全身心地投入到工作的过程中找到快乐，我们不应该抱怨工作、抱怨社会，而应该持着“感恩”的心态去工作，为公司尽到自己的责任，这样才能无愧于心、无愧于自己。

二、不为薪水而工作

工作固然是为了生计，但是比生计更可贵的，是在工作中获得珍贵的工作经验、良好的人际关系、才能的充分表现和人品的普遍认同等。这些收获与金钱相比，其价值要高出千万倍。

有一次，我到某高校给学生们做演讲，主题为“如何成功踏上就业之路”。在提问的时候，一名法律系的学生问我：“唐老师，现在我们出去应聘经常会遇到一个问题，那就是用人单位会问我们薪资要求。”

唐老师：“你是怎么回答的呢？”

学　生：“没有5000元/月我是不干的。”

唐老师：“后来的情况怎样呢？”

学　生：“后来他们就一直没有找我！”

唐老师：“为什么一直没有找你？”

学　生：“估计认为我工资要得太高了。”

唐老师："你凭什么要这么高的工资呢？"

学　生："当律师的人收入很高。"

唐老师："你有没有成功的案例啊？"

学　生："没有，我还没毕业，怎么会有成功的案例？"

唐老师："那你凭什么让用人单位给你这么高的工资？如果你自己是用人单位，你愿意给无法证明能够创造多少业绩的应届毕业生发这么高的工资吗？"

学　生："不愿意。"

唐老师："优秀的律师是能够赚很多钱的，但也有律师由于不受市场欢迎而不得不改行的。不是律师赚钱，而是敢于负责任、善于负责任、能够负责任的优秀律师才能赚到钱。要想赚到钱，就要首先让自己优秀起来。"

只为薪水而工作的大有人在。在他们看来，我干一份活，就该得一份报酬，等价交换，仅此而已。他们看不到工资以外的东西，工作中没有热情，没有激情，没有信心，没有良好的态度，能少做就少做，能躲过就躲过，敷衍了事。他们只想对得起自己挣的工资，从未想过是否对得起自己的能力和前途，是否对得起家人和朋友的期待。在书摊上卖的《如何消磨上班时间》一书就是为他们写的。

之所以出现这种状况，原因在于人们对于薪水缺乏更深入的认识和理解。他们因为不满意自己的薪水，而将比薪水更重要的东西也放弃了，实在太可惜了。

那么何不将工作视为一种积极的学习呢？因为在每一项工作中都包含着许多让人成长的机会。在公司，老板支付给你的是薪水，但你在工作中赋予自己的是可以令你终身受益的"黄金"——那就是你在工作中获得的珍贵的工作经验、良好的人际关系、才能的充分表现和人品的普遍认同等。这些东西不会遗失，也不会被偷。如果你有机会去研究那些成功人士，就会发现他们并非始终高居事业的顶峰。在他们的一生中，曾多次攀上顶峰又坠落谷底，虽起伏跌宕，但是有一种信念始终伴随着他们，那就是金钱以外的“黄金”。

这里我们没有讲大道理，也不是替老板说话，而是替所有的职场中人说话，替职场中人着想，职场中人必须要明白：不为薪水而工作，薪水自然会提高。

首先，我们要相信绝大多数的企业老板是明智的。企业寻找的是那些能力比较强、能够创造业绩的员工，这样的员工不用担心加薪的问题。

当然，作为一名聪明而明智的老板，他不会简单地跟你说：“好好干，我会给你加薪。”他会拍拍你的肩膀：“好好干，把你的能力全部发挥出来，将会有更多的责任让你去承担。”实际上，在让员工承担更多责任的同时，伴随而来的是职位的提升和薪水的提高。也就是说，当老板给你加重任务的时候，就是在考虑给你加薪的时候。你愿意接受这个观点吗？

其次，不要担心自己的努力会被忽视。正像一些人在工作中表现出吊儿郎当的工作态度会轻而易举地被发现一样，如果这个人愿意很认真地去工作，相信周围的人尤其是老板也一定看得到。

有一个年轻人想试试自己有没有被提升的机会，于是就毛遂自荐对老板说：“老板，让我去做管理的工作吧。”

老板说：“这样吧，你可以先去试试看。我们新建的厂房在进行设备安装，你去负责一下，但是不能保证给你加薪，也不能保证给你升职。”

年轻人高兴地到新厂房去工作，到那里拿图纸一看，什么都看不懂。这个时候他有两个选择：第一，继续干下去；第二，看不懂图纸，遇到了很大的困难，索性退出不干了。但他选择了前者。他自己花钱请老师傅吃饭，交学费向老师傅请教学习，后来终于保质保量地把工程任务完成了，不久以后他自然而然地得到了提升和加薪。

老板跟他说："我知道你看不懂图纸，如果你当时用任何理由推托这份工作，你在这个企业都将会没有前途，一个没有能力同时又不安分守己的人在我们企业是不受欢迎的。恭喜你出色地完成了这项工作。"

大部分人会花很多时间关心薪水、福利、休息和下班以后的事情，如果你做每一件工作都是那么热忱、友善和不计报酬，那么，你就将自己与这些人区分开来，那么成功就应该属于你。

第三，万一企业对我们不公平怎么办？万一我努力了别人还是看不到，还是得不到回报，老板还是不明白怎么办？这时候也可以退一步想一想，老板今天看不到，明天有可能看到；现在看不到，以后可以看到；这个老板看不到，可能其他老板看得到。哪怕别人都看不到，自己还是会知道所付出的努力终将会得到回报。所以，你没有必要担心自己受到不公平的待遇，可以把现在学到的本领、技术都发挥出来，做好自己眼前的工作。

当你从一名一无所知的普通员工成长为一名善于处理各方面关系的高效管理者，你已经在获得进步了。

试比较以下两名具有相同背景的年轻人。

A员工：热情主动、积极进取，对自己的工作总是精益求精，总为公司的利益着想。

B员工：总喜欢投机取巧，总嫌自己的薪水太低，总把自己的利益放在第一位。

请问如果你是老板，你会雇用哪一名？你愿意提升哪一名？你愿意给哪一名员工加薪？你认为哪一名员工有更好的前途？相信答案都会是A员工。

再请问，你会选择做A员工还是B员工？相信人们都会选择做A员工。

现在，请您记住一句非常重要的话：世界上大多数人都在为薪水而工作，如果你能不只为薪水，同时为自己的进步而工作，你就超越了大多数人，也就迈出了成功的第一步！

三、热爱自己的工作

有许多人不喜欢自己的工作，大致有两个原因：一是觉得自己所从事的工作是低人一等的。他们身在其中，却无法认识到工作的价值，只是迫于生活的压力而劳动。二是因为浮躁的心理，所以好高骛远，急于求成，不愿意脚踏实地地做好目前的工作。他们不喜欢正在从事的工作，自然无法投入全部身心，在工作中也就敷衍塞责、得过且过，将大部分心思用在如何摆脱现在的工作环境上。这样的人在任何地方都不会有所成就的。

工作本身没有贵贱之分，但是对于工作的态度却有好坏之别。在这个世界上，不管干什么工作，只要你用心做好了，一样会得到别人的尊重，得到丰厚的回报和许多意想不到的机会。

2004年4月19日，麦当劳公司董事会主席兼首席执行官突然逝世。麦当劳公司董事会随后推选了当时年仅43岁的澳大利亚人查理·贝尔为新任总裁兼首席执行官。他因此成为第一位不是美国人的麦当劳掌门人，而且也是麦当劳最年轻的首席执行官。贝尔小时候家庭比较贫困，当他还在15岁的时候就去麦当劳公司打工了，他的目的就是赚一点零花钱。他的第一份工作是打扫厕所。虽然打扫厕所的工作又脏又累，但是贝尔还是尽心尽力、满怀热情地将其做好。常常是扫完厕所拖地板，拖完地板继续扫厕所，有时候还抽空去帮忙翻一翻正在烘烤中的汉堡包。他所做的一切都被这家麦当劳的经理看在眼里。经理很高兴看到贝尔这么认真地工作，于是跟贝尔签订了培训协议，分配贝尔在麦当劳的各个岗位上不断地学习、提升。贝尔在19岁那年不负众望，被提升为澳大利亚最年轻的麦当劳店面经理。

查理·贝尔的事迹让我们明白了一个道理：明天的总裁就在今天的明星员工当中。所以，每一件事情都值得我们用心去做，而且应该用心去做。

卢浮宫收藏着莫奈的一幅画，描绘的是女修道院厨房的情景。画面上正在工作的不是普通的人，而是天使。一名天使正在架水壶烧水，另一名天使正优雅地提起水桶，另外一个穿着厨衣，伸手去拿盘子。即使是日常生活中最平凡的事，也值得天使们全神贯注地去做。

而要用心做好每件事情，就需要首先认识到每一件事情对人生都具有十分重要的意义。

有一个故事相信很多人都听说过，说的是一名记者为了写一篇关于建筑业的文章去采访建筑工人。他来到建筑工地时看到一名工人正在砌砖，于是问他："你在干吗呢？"

那个工人没好气地说："你没看见啊？我在砌砖啊！"

他问第二名工人，工人说："我在建大楼。"

他问第三名工人，工人说："我在建设美丽的城市。"

过了三年，第一名砌砖的工人还在建筑工地砌砖；第二名砌砖的工人已经坐在办公室里面看图纸了；第三名砌砖的工人已成了前面这两个人的老板。

同样是砌砖的工作，但是每一个人对它的理解不一样，最终三个人的发展结果完全不同。

有三位少年跑到少林寺，要求住持收他们为徒。

住持问第一位少年："你为什么要学武功?"

第一位少年回答："师父，我身体太弱了，我学武功是要强身。"

住持又问第二位少年："那你呢?"

第二位少年回答："师父，我家里富裕，每天大鱼大肉，所以我吃得太肥了，我学武功是要减肥。"

住持问第三位少年："那你又为什么要学武功呢?"

这位少年激愤地说："师父，我们村子遇劫，我父母和许多乡亲父老都被他们欺压。我学武功是要保护乡亲们。"

结果，当然是第三位少年把武功学得最好。

如果你是砖匠，可曾在砖块和砂浆之中看出诗意？如果你是图书管理员，那么在整理书籍的空隙，是否感觉到自己已经取得了一些进步？如果你是学校的老师，是否一见到自己的学生，就变得非常有耐心，所有的烦恼都会抛到九霄云外？如果你是餐饮行业的服务生，有没有从客人满意的笑容里领会到职业的崇高和人生的美好？

即使你的处境再不尽如人意，也不应该厌恶自己的工作，世界上再也找不出比这更糟糕的事情了。如果环境迫使你不得不做一些令人感到乏味的工作，你应该想方设法使之充满乐趣。用积极的态度投入工作，无论做什么，都很容易取得良好的效果。

笔者接触过很多大公司、大集团的职业经理人，他们有一些共同的特点：渊博的知识、丰厚的福利待遇，拥有宽敞明亮的办公室。但是他们仍然非常痛苦，认为自己的工作不是自己想要的，仍然在想办法离开这家公司，打算到一个更好的地方去。所谓人往高处走，水往低处流。如果你确确实实想换工作当然是可以的，只是换工作之前你必须要有一个好的心态。如果没有好的心态，哪怕换一万份工作也将于事无补。

唐铭和林妃是多年的好朋友，有一天，林妃来找唐铭：“唐铭，你有没有客户帮我介绍介绍？”

唐铭问：“你现在做什么工作？”

“我现在在推销化妆品。”林妃答。

唐铭：“那好，以后遇到有这方面需要的人我就介绍给你。”

当唐铭把周围需要买化妆品的朋友名单交给林妃的时候，她告诉唐铭：“唐铭，我已经不干了。”

唐铭问：“你现在干什么去了？”

林妃说“我现在换工作了，推销电子产品。如果你有这方面的客户帮我介绍介绍。”

又过了一段时间，当唐铭向林妃介绍客户的时候，她又告诉唐铭说：“唐铭，我已经不干电子产品推销了！”

唐铭惊讶地问：“你怎么又不干了？”

林妃回答说：“我这个人做什么事情都不成功，所以我要学习成功的方法，现在专门找了一位老师学习成功学。”然后她又跟唐铭推销他们的成功学课程，希望唐铭能帮她介绍学员。

唐铭回答说：“好，到时候给你介绍客户。”

当唐铭把客户介绍给她的时候，她告诉唐铭：“唐铭，跟着别人学成功学还不如自己讲成功学。现在把客户介绍给我就可以了。”

唐铭认为，讲课不是那么容易的工作。不要认为讲师站在台上非常风光，能引来许多人羡慕的眼光。但是正如很多人都会唱歌，但是最后没有几个当得了歌星一样。于是，唐铭告诉她想先听听她讲课，了解一下再说。不久以后，当唐铭能抽空去听她讲课的时候她又说其实当讲师也不容易，做不下去了，要回来跟朋友一起开公司。

2008年年底的时候，林妃突然打电话请唐铭吃饭。唐铭问：“你现在做什么事情？”

“我现在准备开始做化妆品。”林妃说。

原来转了一大圈又回到了起点。

如果换工作之前没有很好的心态，遇到困难就躲，最终什么事情都干不好。

热爱工作，就要忠诚于自己的工作。忠诚是一种品格，要忠诚于自己的事业，忠诚于自己的企业，忠诚于自己的产品，忠诚于自己的工作。忠诚并不是从一而终，而是一种职业的责任感，不仅仅是对某个公司或者某个人的忠诚，更是一种职业的忠诚，是承担着某一责任或者从事某一职业所表现出来的敬业精神。

四、自动自发地工作

所谓自动自发，就是人主动采取的行动。

通常我们可以把人分为以下六种。

第一种人：卓越者

主动才能卓越。主动的人内心有一个发动机，不需要别人告诉他应该怎么做，他总是能够在不被人告知的情况下做着恰当的事情。这种人天生就是领导者，天生就是金牌得主，是人群中的卓越者。如果他是领导者，他应该是老板型的领导者；如果他是运动员，他应该是金牌运动员；如果他是员工，他应该是金牌员工……

汤教授曾经受邀到一家公司给员工做演讲，演讲的题目叫“我主动，我进步”。经常坐在最前面的那位个子高高、头伸得长长的是他们的总经理。

这位总经理原来在一家职业技术学校读书，学的是烹饪专业，毕业之后被分配到一个农行的食堂工作。他在做厨师的过程中总是喜欢去做一些额外的工作，在这个过程中不断地学习餐饮方面的管理知识。

后来，他被招聘到一家宾馆当餐饮部的经理。在当餐饮部经理的时候，他除了做好本职工作外还把餐饮部的管理工作做得很好，同时，还主动协助其他部门做好工作。正是因为这种主动的精神，使他对宾馆的所有管理工作都比较了解，后来他被提拔为总经理助理。在当总经理助理的时候他总是能够想总经理所想，为总经理分担工作。久而久之，他就学到了用总经理的思路思考问题，这为他以后创办自己的企业打下了坚实的基础。所以说，如果不是这种主动的精神，他后来就不可能创办自己的企业。

因此，他总是把自己的经历告诉公司的每一名员工，希望他的员工都能够成为主动的人。他要让每一名员工都学会汤教授讲的一句话:“我主动、我进步。”

当然，并不是每个人都有成为老板的潜质和机会，但是能够学习做职场中主动的人，做好更多的工作，终将会在其发展的道路上获得比别人更多的机会。

曾经有一个电视节目，讲述的是青岛港一位普通却又伟大的产业工人——许振超。青岛港桥吊队队长许振超被誉为新时期产业工人的优秀代表，人称金牌工人。许振超曾经是一名普通的初中毕业生，今天却成了闻名航运界的桥吊专家；作为一名普通工人，却主持编写国内第一本港口桥吊作业手册，被众多专业院校列为必读教材；作为一名普通的桥吊作业队长，却主持建立了全公司质量管理体系，带领他的工友们创造了集装箱作业的世界纪录。后来，国家广电总局、青岛市委宣传部和青岛港还专门以许振超为原型联合摄制了数字电影《金牌工人》，这部电影在北京上映后引起了很大的反响。

第二种人：优秀者

第一种人即主动的人，是在没有被人告知的情况下已经在做着恰当的事情。第二种人是需要别人告知的，但只要跟他讲一次就够了。一般来说，企业里的管理人员大多属于第二种人，他们是坚定的执行者，代表人物是《把信送给加西亚》一书中的罗文。

美西战争时，美国必须立即和西班牙的反抗军首领加西亚取得联系，可是加西亚在古巴的森林里，没人知道他在哪里。这时有人推荐一个叫罗文的人。罗斯福给了他一封信："请把它交给加西亚！"没人跟罗文说加西亚是男的还是女的，长发还是秃头，是将军还是看大门的。罗文也没问。四天之后，他在一个夜里从古巴上了岸，消失在密密的丛林当中。三个星期之后，他从古巴的另一边出来，至于他是如何徒步走过这个危机四伏的国家，又如何打听并见到加西亚将军并把信交给他的，没有任何人知道，他也没有向任何人提起过。这件事情的结果是加西亚将军收到了美国总统的信。

《把信带给加西亚》这本书之所以畅销，就是因为书中的主人公罗文这位英雄人物，这是人们对罗文式优秀者最好的褒奖。

第三种人：普通人

这种普通人在企业里大量存在，普通人的特点是任何工作跟他讲一次不够，需要跟他反复讲，并且需要承诺给他相应的条件，让他得到更多的好处，他才愿意把事情做好。

某天A经理对B员工说："你打扫一下那堆垃圾。"

B员工说："好的，我扫一下。"

第二天，那里的垃圾没有打扫。

A经理问B员工："怎么没打扫？"

B员工回答："因为比较忙。"

第三天，垃圾仍然堆在那里没被打扫。

A经理问B员工："怎么没打扫？"

"这事情是我做的吗？"B员工回答。

A经理说："你扫完了我给你发奖金。"

B员工回答："哦，好的，我马上去打扫。"

最后终于打扫过了，却不怎么干净。

像B员工这样的人很欠缺主动性，需要上级不断去催促和给予奖励才会去完成工作。这些人也是很多管理者头疼的对象，他们也因为缺乏主动性而注定是胸无大志的凡夫俗子。

第四种人：被淘汰者

被淘汰者的特点是无论跟他讲多少次他都做不好事情，创造不出业绩，这样的人在组织中势必要被淘汰。这种被淘汰的人除了少数靠投机取巧得势于一时的"强人"之外，多数是生活在贫困当中，他们只会发牢骚抱怨命运对自己不公平，总感觉上帝亏待了他，企业亏待了他，领导亏待了他，老板亏待了他。

实际上，他应该想想是什么原因使自己处于这么糟糕的处境中？问题的根源是不是在自己身上？正因为永远处在贫困状态，所以他们有共同的特点：为下一个月的房租苦恼，为明天的方便面苦恼。但是这些人宁愿天天这么苦恼也不愿承担更多的责任，不愿主动争取更多的工作。

小明已经毕业很多年了，干过几份工作，不是因为没有业绩被老板炒了鱿鱼，就是公司发不出员工工资，她炒了老板的鱿鱼。经朋友介绍，小明刚刚找到一份国企的新工作，做产品销售，底薪高，有提成，五险一金，福利也好，办公环境也不错，小明当然很满意。但试用期一过，小明就离开了这家公司，原因是星期六需要加班，她说："我要过生日，不能调休。"经理说："团队每个人都应该发挥各自所长，担负团队的公共工作。"她说："不另加工资不做。"业绩做不出来，给她调岗做后勤，她说："没有提成的工作不是我想要的……"领导说："这样的员工想帮她也帮不了，怎么扶也

扶不起，只能放弃了。”

第五种人：被改造者

被改造者不是无论如何都做不好，而是根本就不做，妄图不劳而获。但是要知道，“一劳永逸”的话，有是有的，而“一劳永逸”的事却极少……——鲁迅。所以，人生在勤，不索何获？——张衡。我们世界上最美好的东西，都是由劳动、由人的聪明的手创造出来的。——高尔基。知识是从刻苦劳动中得来的，任何成就都是刻苦劳动的结果。——宋庆龄。不肯劳动的人，就需要被改造，所有犯罪的根源，都是好吃懒做！

董某开了一家车行，经过多年的努力，腰包渐渐鼓了起来，可董某怎么也没想到，自己的致富让未成年的外甥杨某的心中极不平衡。前不久，早有预谋的杨某怀揣安眠药来到了车行，与看门的表哥聊天，趁其不在意将安眠药放入了表哥的水杯中，过了一会儿，杨某看到表哥喝了“药水”后，渐渐昏睡，便抓起电话打通了上午联系好的货车，以销车为名将价值二十余万元的十二辆崭新的摩托车装上汽车拉往外省。正当杨某到处寻找买主之时，刑侦人员连人带车将其抓获了。

第六种人：被惩戒者

这种被惩戒者，不但自己不干，而且还捣乱，妨碍别人干，在团队中起着破坏作用，是负能量。多数单位的规章制度中不仅规定“坚守岗位，忠于职守，工作时专心致志，不闲聊闲逛，不说笑打闹，不吃零食，不干私活”，而且还规定“不妨碍他人工作或学习，不在工作岗位接待客人”等。至于这种人为什么要“搞破坏”，情况各不相同：有些是性格原因，多动症，不捣乱不痛快；有些是品德原因，拖别人后腿，以掩盖自己的落后；有些是政治原因，踩掉了别人才能让自己爬上去……

惩戒害群之马，才能维护大众利益，才能补充正能量。

老刁当副处长已经十几年了，处长换了好几拨，但他始终是副职。老刁对此深感委屈，每见一位新领导到任他都十分不高兴，不但不配合工作，反而处处给领导出难题。他的领导只能“惹不起躲得起”，尽量少让他参与工作，少给工作添乱。在领导看来，只要他啥都不干，就是对团队的最大贡献。

在我们身边，上述的六种人都可能会碰到。那么，你是属于哪一种人呢？你想要什么样的结果就需要成为什么样的人，并需要采取相应的行动。而负责任的人无疑就应该是第一种人、主动的人、自觉自发的人。

学会感恩，珍惜并热爱工作中所获得的一切，用积极的心态投身于工作中，这样你就迈出了走向成功的第一步。

第四节　责任力是领导力的基础

一、领导者最重要的素质是负责任

一个身居要位的人，不管是部队领导还是公司老板，要带出一支高效能的团队，必须让整个团队具有责任感，老板要求员工工作认真负责、一丝不苟的时候，自己更得具有强烈的责任感。这样才能一级抓一级，将整个团队责任感层层落实，将各项工作真正落到实处，也才能让公司的每位员工都有责任心。

薛劲手下的销售代表小李，被客户投诉贪污返利，经过审计部调查，果真如此，返利单据上面还有薛劲的签名。这件事，惹得总经理大为生气，便亲自到销售部质问此事。

薛劲告诉总经理："我也刚知道此事，按照公司流程，小李是把返利单报到我的助理那里，她审一下，整理好，给我签字，我的工作也多，没能仔细审核。"

"就那么简单吗？你的工作比我多吗？这件事应该负全责的是你！"总经理对于薛劲这种推脱的态度很气愤。

薛劲继续辩解道："我刚来，销售部很多关系还没有理顺，我的助理很能干，在工作中是一把好手。但我总感觉她和我的关系存在问题，甚至有时，我要顺着她的意思来签署一些文件。毕竟我是新来的，要有适应的过程……"

总经理打断了他的话："本来我是来了解一下事情的原因，并不是要处理你，不过我现在得考虑一下你胜任能力的问题了。"

一名员工只要对自己岗位上的事情负责任就可以了，但作为一名经理却必须对整个部门负责任，总经理要对整个公司负责任，有时董事长不得不因为下属的过错而受责罚……

一名县长要对全县人民负责，一名省长要对全省人民负责，而国家最高领导人要对全国人民负责……

领导当得越大，责任就越大。所以你的上级肩上所担负的责任要比你大得多。领导者与被领导者最大的区别就在于领导者比被领导者要担负更多的责任！

如果一个人不愿意负责任，他就没有资格当领导。如果一名普通群众愿意多负责任，他当领导的机会就会比别人多！

在第二次世界大战中，盟军胜利登陆诺曼底之后，最高统帅艾森豪威尔将军发表了言简意赅的讲话："我们已经登陆，德军被打败，这是大家共同努力的结果，我向大家表示感谢和祝贺！"然而，当时谁也不会料到，在登陆之前，除了这份演讲稿之外，艾森豪威尔还准备了一份完全相反的、面对失败的演讲稿。这篇备而未用的稿子是这样写的："我很悲伤地宣布，我们登陆失败，这完全是我个人决策及指挥失败。我愿意承担全部责任，并向所有的人道歉。"

对领导者而言，责任就是能力，责任就是力量，责任就是威望。

30年前，一个普通的家庭妇女不满吸烟带来的危害，决定成立组织来号召戒烟。她的做法是每个星期天去一个固定的会议室召开戒烟会议，但开始时没有任何人响应，她只能一个人与众多的桌椅为伍，但她没有放弃，四个月之后，她迎来了第一位与会者；三年之内，只有四个人参加会议，但她始终不放弃；十二年之后，她成为了当地戒烟运动的旗手，而会议仍然是周日晚上准时召开，只是每次都是满屋子的人。海菲兹博士曾说，她没有等到别人选举她，也没有等到别人赋予她权力，但她行动了，而且怀着超常的耐心和忍耐力行动了，最后，她获得了大家公认的领导力。

实际上这个例子向人们揭示了一个真理：领导力的获得是一件普通人都能做的事，但同时又是一件只有将责任在行动中持之以恒的人才能做的事，它需要具有足够的耐心和超凡的责任感。

领导者负责任需要有献身精神。没有付出的承诺等于无；没有代价的责任等于零。

领导者要随时准备为自己、为部下、为整个组织承担领导责任。

在营救驻伊朗的美国大使馆人质的作战计划失败后，当时美国总统卡特即在电视里郑重声明："一切责任在我。"仅仅因为这句话，卡特总统的支持率骤然上升了10%以上。

下属对一位领导的评价，往往取决于领导是否有责任感。领导勇于承担责任不仅会使下属有安全感，而且会促使下属进行反思。下属最担心的就是做错事，特别是花了很多精力又出了错，而在这个时候，领导说了句"一切责任在我"，下属反思过后会发现自己的缺陷，从而会在大家面前主动道歉，并承担责任，而这样的结果恰恰是领导希望看到的。

二、领导者要建立责任团队

领导者个人的力量是有限的，领导者本身负责任是远远不够的，领导者的一项重要责任就是发挥自己的影响力，带领大家一起负责任，打造责任团队。

所谓责任团队，是拥有一个共同目标，能够用最理想的状态来面对和解决所遇到的任何问题和困难的群体；是无数个人的责任精神，凝聚成一种团队的责任精神。要实现组织事业健康发展的伟大目标，就必须建设一支目标一致、专业过硬、素质优秀、人格高尚、作风优良、意志坚强、众志成城的责任团队！

中华人民共和国建国之初，共产党联合民主党派和各行各业的民主精英，共同建立了民主政府，这样的责任团队，领导中国人民在中国革命胜利后又取得了国家建设和改革开放几十年来举世瞩目的巨大成功。

领导者要带领大家实现组织的目标，必须把大家培养成为能够承担责任的人，在组织中建设责任文化。按照责任文化建设的要求，领导者要培养下属负责任的态度、能力，并帮助下属知行合一。责任教育首先要解决的就是态度问题。

办公室主任让文员查一个公司的电话号码，文员说不知道，主任只好说："既然你不知道，那我自己来查。"那位文员是不知道还是不愿意知道呢？如果愿意，她就会想办法查出电话号码。她可以去查114，可以去查黄页，也可以上网查，还可以向相关人员打听……她什么都没做，就说不知道，这是态度问题。

有了好的态度，还需具备相应的能力。如何培养下属的能力呢？根本的办法是管理者要做教练，做教练型的管理者。运用教练的技能帮助下属通过学习获得成长，作为管理者的首要任务就是成为一名教练型管理者。当教练型管理者产生时，传统的"管理者"与"被管理者"的关系将转变成新型的"教练"与"学员"的关系。笔者所著《教练——教练型管理者实战操作指南》一书提供了行之有效的教练方法[1]。有些领导只是埋怨下属负责任的能力和态度不够，自己却没有认真学习成为优秀的教练，这实际上是领导本身没有负起责任。

如果说传统意义中的领导主要依靠权力，那么现代的领导则

[1] 参考：唐渊. 教练——教练型管理者实战操作指南. 北京：经济管理出版社；2007

更多是靠其内在的影响力。一位成功的领导者不是指身居何等高位，而是指拥有一大批追随者和拥护者，并且能使组织群体取得良好的绩效。领导者的影响力日渐成为衡量成功领导的重要标识。

领导者在责任文化建设中的影响力包含主观和客观两个层面。就主观而言，领导者是否愿意更大范围地影响他人，是否希望更多的人追随自己承担责任。反映在行为上是热情地宣扬自己的主张，极力说服他人，喜欢拥有追随者和支持者；作为内驱力，是建立在自信心基础上的对领导责任、权力和成就的追求，并且主动提高领导水平和领导艺术，提高组织运营效率，达到更高的领导效果，从而获得更广泛的领导力。从客观方面来说，领导者的行业背景或从业经验、个人价值观、沟通能力等许多因素，都在一定程度上影响和制约着领导的影响力。这些因素的存在也为领导者提升领导力水平提供了方向和思路。

如果一个人不愿意负责任，他就没有资格当领导。对领导者而言，责任就是能力，责任就是力量，责任就是威望。

第五节 责任重于泰山

一、责任是不得不做的事

英国王子查尔斯曾经说过:“这个世界上有许多你不得不去做的事，这就是责任。”责任是不得不做的事，所以说“责任重于泰山”。

例如，当孩子出生以后，父母在想什么？在想他们无论如何也要把孩子养大成人，培养成才！这是作为父母不得不做的事。

责任不是一个甜美的字眼，它仅有的是岩石般的冷峻。当一个人真正地成为社会一分子的时候，责任作为一份成年的礼物已不知不觉地落在了他的肩上。它是一个你时时不得不付出一切去呵护的“孩子”，而它给予你的，往往是灵魂与肉体上感到的痛苦，这样的一个十字架，我们为什么要背负呢？因为它最终带给你的是人类的珍宝——人格的伟大和人生中真正的快乐。

20世纪初，一位在美国生活的意大利移民曾为人类精神历史写下了灿烂光辉的一页。他叫弗兰克，经过长期的积蓄开办了一家小银行。但一次银行遭抢劫导致了他不平凡的经历。他破了产，储户失去了存款。当他带着妻子和四个儿女从头开始的时候，他决定偿还那笔天文数字般的存款。所有的人都劝他:“你为什么要这样做呢？这件事你是没有责任的。”但他回答:“是的，在法律上也许我没有责任，但在道义上，我有责任，我应该还钱。”

偿还的代价是三十年的艰苦生活，当他寄出最后一笔“债务”

时，他轻叹：“现在我终于无债一身轻了。”他用一生的辛酸和汗水完成了他的责任，而给世界留下了一笔真正的财富。

不管别人是理解还是不理解，我们都要负责任地去做好应该做到的事情。

二、工作是一份责任

工作会给我们带来财富、带来成就、带来快乐、带来幸福……与此同时，也给我们带来责任，一份沉甸甸的责任。既然选择了这个行业，既然选择了这个单位，既然选择了这个岗位，既然选择了这份工作……就必须把它做好！一旦你拥有了一份工作就选择了一份责任、一份使命。清楚并履行自己的职责，发挥自己的聪明才智，克服困难完成工作，才能获取成功的快乐，实现我们人生的价值。

地震发生时，教室里的很多孩子都吓得呆坐着。以他们幼小的心智，他们不可能选择夺路而逃或破门而出。为了最大限度地减少孩子们的伤亡，袁文婷一次又一次冲进教室，用柔弱的双手抱出了一个又一个孩子，直到她抱出第十三名学生重新转身进去后，三层的教学楼轰然倒塌……这位年轻女教师的青春被定格在二十六岁。

这是何等的壮举啊！在灾难来临时，袁文婷老师不顾个人安危，把责任诠释得淋漓尽致，让我们去领悟“工作是一份责任”的深刻内涵。

当然，在通常情况下，我们所从事的工作要求我们担负的责任并没有如此悲壮，但工作赋予的责任同样始终让我们不能有丝毫懈怠。为责任而工作，就是主动争取做得更多，承担更多；为责任而工作，就是全力以赴，满腔热情地工作；为责任而工作，就是为组织分担忧虑，给领导减轻压力，给上司以支持，给同事以帮助；为责任而工作，就是自觉自发，最完美地履行我们的职责。让责任成为一种习惯，努力工作，忠诚于组织，在捍卫组织荣誉的同时，也提高了自己的责任心，增强了自己的荣誉感，同时也会受到他人的尊敬。

袁医生的办公室来了一对送锦旗的夫妻。不久前，宫外孕四十三天的刘女士化险为夷。袁医生在刘女士怀孕三十天无法确诊的情况下，凭借丰富的临床经验，初步诊断刘女士为宫外孕，在随后的两周时间内，多次与其沟通，直至确诊。刘女士及其家人被袁医生高度负责的医德医风所感动，送锦旗表达感激之情。刘女士说:“如果不是袁医生，不仅孩子保不住，可能，连我的命都丢了。”面对赞誉之词，袁医生的回答却是:“这是我的工作职责所在！”

三、负责任要有献身精神

献身精神亦称牺牲精神、自我牺牲精神，是指为实现一个理想或目标，甘愿牺牲小团体利益、个人利益甚至献出自己宝贵生命的精神。临危不惧、无私奉献的献身精神，是我们民族的传统美德，是应当在全社会大力弘扬的时代精神，也是负责任的崇高体现。中国共产党的历史，就是为民族解放、国家富强、人民幸福而英勇牺牲、无私奉献的历史。我们今天的辉煌成就和美好生活，就是党和人民艰苦奋斗、牺牲奉献的结果。依靠这种献身精神，中国人民取得了抗洪抢险、抗击“非典”、与特大地震灾害斗争的全面胜利，也正在继续推进改革开放和现代化建设的历史进程，继续坚定不移地朝着全面建设小康社会的奋斗目标前进。

济南炼油厂(中国石化济南分公司)是一家1971建立的国有炼油企业，某些工序(如裂解)在阴雨天是最容易爆炸的。而每当电闪雷鸣，下班在家的员工都会不约而同地跑向工厂，跑向自己的车间，跑向平日坚守的工作岗位……尽管企业的安全措施一年比一年有所提升，几乎不再需要员工这样辛苦地坚守岗位了，但这种敬业的工作态度总是让他们一次次重复同样的故事。“要下雨了，主动去岗位看看”已经成为济南炼油厂全体员工自觉遵守的一项条例、一种工作习惯。是什么驱使员工做出这种举动？是什么可以让员工冒着生命的危险坚守岗位？我们得到的答案几乎是一致的：这里是我们生活和工作的地方，我们要对自己负责，对家人负责，说得大点，是对企业负责，对我们的工作负责，这是我们应尽的责任。

献身精神是为兴国安邦把毕生精力和聪明才智献给事业的奉献精神，是舍小家、顾大家的全局精神，是点燃生命之光、燃尽生命之火的蜡烛精神；献身精神不是一时的豪言壮语，而是一辈子要履行的职责和承诺；献身精神不全是惊天动地的英雄壮举，更多的是默默无闻的爱岗敬业。

一名公交车司机在行车途中突发心脏病，在生命的最后一分钟里，做了三件事：

把车缓缓地停在马路边，并用最后的力气拉下了手动刹车闸；

把车门打开，让乘客安全地下了车；

将发动机熄火，确保了车和乘客、行人的安全。

做完了这三件事，他安详地趴在方向盘上停止了呼吸。这名司机叫黄志全，听到这个故事后没有人不为之感动。

献身精神有时候很简单，成为英雄只在一瞬间，没有事先策划，没有长期的思想准备。在和平年代，有着献身精神的人大多是一些平凡的人，他们没想到惊天动地，也不需要夸大其词。和平年代的献身，不像战争中那样带有必然性，它几率极低，多属于一种“不幸”和“意外”。在一座城市没人献身，应该是一件好事，是求之不得的。但献身精神却是任何时代都不能不宣扬的，因为“责任”是永世不灭的主题。

没有责任，就没有压力，就没有动力；

没有责任，就没有方向、目标、信念和毅力。

不管别人是理解还是不理解，我们都要负责任地去做好应该做的事情。

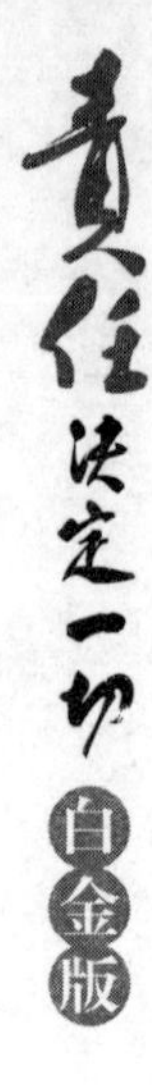

第六节　全方位增强责任意识

一、责任因人而在

“天地生人，有一人当有一人之业；人生在世，活一日当尽一日之勤”。

花有果的责任，云有雨的责任，太阳有光明的责任，星星有捧月的责任……世界上万事万物，都有自己的责任。

父母有养育子女的责任，子女有赡养父母的责任，工人有生产合格产品的责任，农民有种植粮食作物的责任……每个人活着都有自己的责任。

作为社会中的一员，不可能脱离责任而生存。你不扛枪我不扛枪，谁来保卫国家？你不劳动我不劳动，谁来创造财富？你不担责我不担责，哪有美好生活？于是就有了公安卫士任长霞以炽热情怀书写执法为民的人生壮歌；导弹司令杨业功用赤胆忠心浇铸共和国的和平之盾；医学专家钟南山在抗击“非典”这场没有硝烟的战争中敢作敢为、一马当先……

梁启超曾说过：“是故人也者，对于一家而有一家之责任，对于一国而有一国之责任，对于世界而有世界之责任。一家之人各自放弃其责任，则家必落；一国之人而各自放弃其责任，则国必亡；全世界之人各自放弃其责任，则世界必毁。”

家庭责任、岗位责任、公民责任、社会责任、国家责任、民族责任……承担自己的一份责任是人生的一种责任，每个人都应该清楚地知道自己的责任，做一个负责任的人！

马克思曾说："作为确定的人、现实的人，你就有规定，就有使命，就有任务，至于你是否意识到这一点，那是无所谓的。"人做什么或不做什么，表面看来是主观随意的，其实都在一定程度上受到客观必然性的制约。我们只能在我们的生活范围内选择，而绝不是凭空想象地去选择，否则就是"妄想症"。换句话说，每个人不可能超越其生活的具体环境提供的可能性去随心所欲地选择做什么或不做什么。

一位年轻人，大学毕业被分配到粮食部门的一个饲料厂工作。为保证饲料的原料质量，他需要对入库的饲料原料进行感官复验，即尝一尝，看味道如何；闻一闻，看变质没有，杜绝不合格的原料入库。大家都知道，那些作为饲料原料的鱼粉、豆粕、蚕蛹等，如果猪和鸡去品尝，那称得上是一种享受，但如果是人不停地去咀嚼，却是一种受罪。这位年轻人天天这样，周围的人都夸他工作认真，他却说了一句平凡而伟大的话："这是我的责任！"

"我的责任"这句话值得我们每个人记在心里，挂在嘴上，落实在行动中。

二、责任因人而异

从呱呱坠地起，人们的社会角色就与生命相伴而生。在五彩缤纷的人生舞台上，有你、有我、有他；在朝夕相处的亲朋中，有爸爸、有妈妈、有老师、有同学……我们每个人都在其中担当着一定的角色。角色不同，责任也不同。

每一种社会角色往往都意味着一种责任。三尺讲台，老师的心血就和学生的未来联系在了一起；无影灯下，医生的辛劳就和人们的健康联系在了一起；千里边关，战士的青春就与国家的安宁联系

在了一起；作为学生，就应该担负起未来建设祖国的历史重任……

每一个人在不同的场合、不同的时期扮演着不同的社会角色，会因社会角色的变化而担负不同的责任。责任产生于社会关系之中的相互承诺，表现在社会生活的方方面面。

维多利亚女王一次和她的丈夫发生冲突，丈夫生气闭门不出，女王敲门，丈夫问："你是谁？"女王理直气壮地回答："英国女王。"屋里没有声音，女王又敲门，里面又问，这次女王平和了一些，回答："我是维多利亚。"里面仍是悄然无声。女王悻悻离开，走了几步又回来，这次她轻轻地敲门，充满柔情地说："亲爱的，开门，是我，我是你的妻子呀。"门悄声地开了。女王这时放下了她的地位，放下了她的权力，表现出了她的温柔，尽到了一位妻子的责任。

只要人人都能扮演好自己的社会角色，尽到自己的责任，那么我们的社会将会更加和谐、更加幸福美好。

三、百分百的责任

请先回答下列问题：

你今天下雨忘记带伞，你该负多大责任？
你的孩子十岁开始抽烟，你该负多大责任？
你们夫妻关系有点紧张，你该负多大责任？
你是销售部门经理，产品质量出了问题，你该负多大责任？
你的上级决策出了差错，你该负多大责任？
城市污染严重，你该负多大责任？

一般人可能会说：
忘带雨伞，我要负100%的责任；
孩子抽烟，我大概要负80%的责任；
夫妻关系紧张，我要负50%的责任；

我是销售经理，产品质量出了问题，谈不上我要负责任，如果一定要负，就负20%吧；

上级决策失误，我无能为力；

城市污染严重，就更与我不相干了。

在此，负不负责任，不是法律问题，也不是道德问题，而是心态问题。

如果你认为夫妻关系出现问题的责任在自己，你一定会找到解决的办法，具有处理的能力。

作为销售部门的经理，如果你认为自己也应该为生产质量负责，并且认真将其看成是自己的事，你一定会促使他们改进生产质量。如果你真的做到了，你会很快对生产部门具有发言权。有理由相信，一段时间以后，你就具有可以管理至少销售和生产两个部门的能力了。

你的上级出了差错，如果你真的认为和你有关，愿意去负责的话，你一定会找到既顾全上级的面子，又可以避免错误发生的办法；并且如果你真的具备这种能力，你是有机会做你上级的上级的。

城市污染和你无关吗？如果你认为和你无关，你就不会为改善城市污染发挥自己的影响力；如果你认为和你有关，你是可以做一些事令它不一样的。比如，你可以提出治理方案，可以投诉排污企业，可以上街宣传等等。如果更多的人像你这样做了，城市污染问题离解决的一天将不再遥远。

朋友，你做好了为你的团队去负百分之百责任的准备了吗？

作为社会中的一员，不可能脱离责任而生存。"这是我的责任！"这句话值得我们每个人记在心里、挂在嘴上、落实在行动中。

第三章

责重山岳　能者当之

——责任能力的提升

责重山岳，能者方可当之。具备了一定的素质和能力，才能胜任一定的岗位和职责；担负的责任越大，就越需要提高履行责任的能力。这就要求组织的每一个成员都自觉地充实自己，不断提高自己负责任的能力。

第一节　责任包含能力

一、拿能力说话

在“责任胜于能力”、“三分能力七分责任”、“责任比能力更重要”的理念混淆视听的今天，你是否想过，“责任”是建立在什么基础之上？那就是“能力”。没有“能力”，这些理念都只是空口号，这些有“责任”的人也只是一副空架子，最终不受欢迎。原因何在？那就是这种理念的背后是对“责任”二字片面的理解，把“责任”仅仅理解成“责任心”(或曰“责任感”、“责任意识”)了。仅仅有“责任心”是远远不够的，一个有责任心而能力不够的人是最终负不到责任的。“能力”和“责任心”一样，是一个人做工作、干事业关键而实在的资本，特别是年轻人行走职场、成就未来不可缺少的要素。

这里所说的“能力”并不仅仅指一个人专业水平的高、精、深，而是指一个人学识才干、远见气度、人际关系、意志毅力、脑力体力等综合素质。由此可见，责任心本身也是能力。没有这些能力资本，你就无法在社会和职场立足，更谈不上闯出一番成功的事业。

一方面，责任心是一种能力，另一方面，能力又是承担责任不可缺少的重要因素。如果说把“责任心”跟“能力”并列起来看，还有一点道理的话，那么把“责任”跟“能力”并列起来，却是弊大于利了。要成为能担当重任的人，必须“拿能力说话”！

只有有能力的人愿意去负责任，我们才敢于让他去承担责任，他才能获得负责任的机会；只有愿意负责任的人自信有负责任的能力，他才敢于承担责任，所谓艺高人胆大。

贝比·鲁斯被评为运动史上最伟大的运动员。至于他为什么会这么伟大，大家一致认为是因为他自信十足。

有一次，在世界冠军争夺战中，大家就等着他击出全垒打而获得冠军。后来，他在对方投出两个好球而未挥棒后，第三球终于击出了全垒打，全场观众为之疯狂。事后，在休息室里，有位队友问他，万一他第三球失误怎么办。

“哦……我从未想到这点。”他回答。

这就是有能力的人自信的表达，相信自己能完成自己的目标。

只有你拿出能力，把工作做得更出色，为组织创造更多的价值，你的话才有分量。老板或领导会因为你的能力而欣赏你、重奖你、提升你，并视你为关键人才。这样你成就未来事业的梦想就指日可待了。

能力永远是你的靠山，让你赖以生存和获得发展，有了能力做后盾，你就不怕被淘汰出局。世事变幻莫测，而能力是自己的，谁也夺不走。成功的人就是凭能力创造时运的人。

当然，这里并非否认“敬业”、“忠诚”、“责任心”的意义，“敬业”、“忠诚”、“责任心”是作为当今的职场人士必须具有的最起码的品德，它们与一个人的“能力”是相互促进的。“敬业”、“忠诚”、“责任心”会让一个人的“能力”发挥到完美和极致，从而使这个人能够真正承担责任。

二、你的木桶能装多少水

如果把能力比作一个木桶，那么工作和事业就是桶装的水。你的能力有多大，你的这个木桶就能装多深的水。能力是桶，工作和事业是水。这就是“能力木桶理论”。

“能力木桶理论”告诉我们，要做工作、干事业，首先一定要准备好应付一切的能力资本，有了这种蓄势，在关键时刻再打开行动的“闸门”，那么你定将脱颖而出、无往不胜。

任何组织需要的都是德才兼备的人，有“德”无“才”者仅靠“敬业”、“忠诚”、“责任心”却没有业绩，在组织中只能“得一时”，不可能“得一世”。

大学生小王参加面试，自认为已经做好了充足的准备，也非常有信心。可当面试官让他说一个笑话时，他当时就愣住了，结结巴巴地支撑了下来，现场却没有一个被逗笑的。不仅小王如此，其他的一些同学也都纷纷表示力不从心，面试时经常被一些怪问题弄得手足无措。

一位世界500强企业的人力资源经理解释说，有些怪问题是考查学生综合素质和应变能力的。比如销售岗位，需要良好的沟通、交流能力。一个好笑的笑话，也许可以起到打开局面的关键作用。一些世界知名企业，大部分面试题都是不合常规的题目，甚至是一些匪夷所思的考题。

比尔·盖茨就曾提出过一个经典怪题：怎样移动富士山？盖茨说我们要考查应征者是不是按照逻辑来解决问题，正确答案并不重要，重要的是你思考问题的方式是否正确。像这样通过突然的提问和快速的回答，往往能考查求职者的判断能力、快速反应能力及精神集中程度。

一方面用人单位众里寻他“一才难得”，而一方面人头攒动的人才市场上，大学生疾呼找不到工作，关键原因之一就在于大学生的综合能力达不到企业的要求。无论是招聘会上的应对技巧还是笔试上刁钻古怪的难题，这些都是用人单位考查人才综合能力的手段，而不仅仅是对专业技能的考核，仅仅靠专业技能已经不能适应用人单位的工作要求了。

因此，对大学生和其他应聘者来说，能力就意味着就业。

有效利用学校和企业的培训机会。今天能跟得上时代的步伐，不代表明天还能满足工作的需要，无论你的能力多么出众，表现多么优秀，不通过学习继续提升能力还是会被淘汰。

“能力”和“责任心”一样，是一个人做工作、干事业关键而实在的资本，特别是年轻人行走职场、成就未来不可缺少的因素。

第二节　学习提升能力

一、学习是一贯的

不断追求进步才能保证自己的专业知识和技能不会落伍，因此在公司里，每个员工都应该把工作视为学习的机会，并从中不断掌握新知识、新技能。然而，许多人都不懂得，他们赖以生存的知识、技能也会像公司的固定资产一样折旧，如果不继续给自己充电，当你的知识老化，跟不上公司的发展时，你就有可能被公司当“废品”处理掉。一旦面临这样的结局，你肯定会在心里怨恨老板的无情，但你想过没有，如果老板不淘汰那些不思进取、终日倚老卖老、妄自尊大的员工，那么他的公司就会因人员知识僵化，缺乏活力，而有可能被市场淘汰出局。因此，任何一个聪明的老板，都不会保留那些不愿继续学习的员工。

这是美国东部一所大学期末考试的最后一天。在教学楼的台阶上，一群工程学高年级的学生挤在一团，正在讨论几分钟后就要开始的考试，他们的脸上充满了自信。这是他们参加毕业典礼和工作之前的最后一次测验了。

一些人在谈论他们现在已经找到的工作；另一些人则谈论他们将会得到的工作。带着经过四年的大学学习所获得的自信，他们感觉自己已经准备好了，并且能够征服整个世界。

他们知道，这场即将到来的测验将会很快结束，因为教授说过，他们可以带他们想带的任何书或笔记。要求只有一个，就是他们不能在测验的时候交头接耳。他们兴高采烈地冲进教室。教授把试卷分发下去。当学生们注意到只有五道评论类型的问题时，脸上的笑容更深了。

三个小时过去了，教授开始收试卷。学生们看起来不再自信了，他们的脸上是一种恐惧的表情。没有一个人说话，教授手里拿着试卷，面对着整个班级。

他俯视着眼前那一张张焦急的面孔，然后问道：“完成五道题目的有多少人？”没有一只手举起来。“完成四道题的有多少？”仍然没有人举手。“三道题？两道题？”学生们开始有些不安，在座位上扭来扭去。“那一道题呢？肯定有人完成一道题的。”但是整个教室仍然很沉默。

教授放下试卷。“这正是我期望得到的结果。”他说，“我只想给你们留下一个深刻的印象，即使你们已经完成了四年的工程学习，关于这个科目仍然有很多的东西不知道。这些你们不能回答的问题是与每天普通生活实践相联系的。”然后他微笑着补充道：“你们都会通过这个课程，但是记住——即使你们现在已是大学毕业生了，你们的学习还只是刚刚开始。”

随着时间的流逝，教授的名字已经被学生们遗忘了，但是他教的这堂课却永远记在大家的心里。

教授要说明的是不断学习对工作的重要性。当你不断地用知识“武装”自己的大脑时，也等于给个人的职业生涯上了一道“防火墙”，让自己有了更安全的保障系统，因为没有任何一位老板会无故地把一位好学、上进的员工开除。相反，如果你不再加强学习，你绝对不可能长久地受到组织的重用。

苗征在某公司做了多年会计工作，并几次获得公司优秀员工称号，是部门经理的热门人选，可最后公司老板没有任命他，而是从外面招聘了一个懂计算机、懂英语、懂管理的全才。苗征很后悔，因为多年来老板几次提出送他去专业院校学习，可他总以工作忙并有家庭拖累为由，婉拒了老板的美意。由于苗征从来不给自己“充电”，他原有的知识已趋老化，难以应对新挑战，因此在公司的位置也只能“原地踏步”了。

这个教训具有普遍意义，因为随着科技的发展和时代的进步，不断出现的新知识、新技能，需要我们不断“充电”、学习，这样才能使自己立于不败之地。波音公司前CEO飞利浦·康迪先生曾经说过，借口离不开岗位而不参加学习的人只有两个结果：一是你带的下属认为你不称职，因为你没有领导好他们，离开了你他们便不能工作，因而必须把你换掉；二是你对现在的职位太看重了，公司将不会再给你新的机会。

因此，不论你在什么样的公司，从事怎样的工作，你都应该在工作之余，不断地学习新知识，因为你所具备的知识与技能的多少，决定着你在公司服务的年限和薪水的高低。

同时，我们还应该努力争取公司培训的机会。像通用电气、微软等公司都有自己的员工培训计划，而且培训的内容都与工作内容相关，因此，争取成为公司的培训对象是非常重要的。

公司对于好学上进的员工都是非常欣赏的，同时技能的增长也能为你将来升职与加薪提供有力的保障。

假如公司不能满足你的培训要求，你也不要松懈下来，可以利用业余时间自费参加社会上的学习，不过最好选择与工作相关的科目，这样就会在你原有的知识、技能的基础上更好地提高自己。

如果不通过自我学习、培训进行知识的更新，你的工作能力就会越来越差。当老板把目光转向那些不断掌握新知识、新技能的员工身上时，你的职业生涯就有可能到此为止了。

这绝不是危言耸听，因为未来的职场竞争，其重点已从知识与专业技能的竞争转移到学习能力的竞争上了，一个人如果善于学习，就会增加自己在老板心目中的分量，从而使自己的位置更稳固，更不可替代，并且有可能得到更多升迁和发展的机会。

二、充电要有针对性

不管是在校大学生或者在职场上打拼多年的职业人，对于充电培训都存在一个误区，认为拿的证越多越好，越热门越好。但是很多人盲目充电培训后却发现自己花了时间精力和很大的费用，换回来的证书都派不上用场。

充电或者培训的前提是必须要有针对性，针对自己后期适合的一个发展方向或者晋升平台缺什么补什么，而不是盲目地选择热门的或者觉得自己需要但其实并不适合的。充电培训表面看固然是好事，但是切忌盲目，否则浪费了大量精力、物力、财力，却得不到预期的效果。

朱小姐是某房地产集团公司的行政办公室副主任，金融危机后，因为行业不景气，单位已经开始裁员，万幸的是朱小姐没在裁员名单里。但是朱小姐本身职业危机感比较强，希望在这个不稳定的阶段去参加相关充电培训，并决定考个会计证，给自己添加含金量，保住自己看起来并不是很稳定的饭碗或者为后期跳槽求职做好准备。但是朱小姐不喜欢和数字打交道，只是因为家里人认为会计的工作比较稳定，所以才这么考虑的。其实她自己心里也没底：一方面自己充电后真的可以顺利就业吗？另一方面，如果真的选择这个方向的话，在不喜欢的工作岗位上能待多久？

一个人在职场上的发展一般要经过探索期—立业期—成熟期—高峰期这样的过程，对处于前两个阶段的人来说，培训计划可以重点放在提高自己的专业技能上，比如一位汽车零部件采购员，可以从自己的目标岗位——采购经理来着手，找出这个岗位需要哪些专业技能，制订出有针对性的培训计划，参与这些技能的学习。

而对朱小姐来说，她已处于职场的成熟期，下一步的目标可能是办公室主任、行政总监，因此还需要提高职业的跨度，熟悉其他相关领域的工作，如人力资源、企业培训、公共关系等方面的专业技术和知识，这时可以选择这方面的高级课程进修“充电”，同时向单位申请轮岗，熟悉其他部门的工作，以尽快使自己具备目标职位所需的知识和技能。

充电是避免被淘汰，充电之前要分析容易被淘汰的几类人：对工作还不能上手的新职员、非核心部门管理人员及基层员工(如行政、后勤和服务部门等)、业绩不佳或者专业技能不熟练的员工、平时工作态度不好的员工等等。每个职场人士都应该有职业危机感，职场中逆水行舟不进则退，但是不能盲目充电，而需要在确定自己后期职业发展方向的基础上，明确自己现在的优劣势，然后通过针对性的充电培训，以巩固优势、弥补弱势，提升自己的综合能力，增强自己的不可替代性，为以后的发展打好基础。

三、先作为后地位

A对B说：“我的老板一点也不把我放在眼里，改天我要对他拍桌子，然后辞职不干。”

B建议道：“我举双手赞成你报复！这个破公司一定要给它点颜色看看。不过你现在离开，还不是最好的时机。”

A问：“那什么时机比较好?”

B说：“如果你现在走，公司的损失并不大。你应该趁着在公司的机会，拼命去为自己拉一些客户，成为公司独当一面的人物，然后带着这些客户突然离开公司，公司才会受到重大损失。”

A觉得B说得非常在理。于是努力工作，事遂所愿，半年多的努力工作后，他有了许多忠实客户。

再见面时，B对A说：“现在是时机了，要跳槽赶快行动哦！”

A淡然笑道：“可是我发现近半年，老板对我刮目相看，最近更是不断委以重任，又升职，又加薪，我现在是公司的红人了！”

“这是我早料到的。”B高兴地说，“当初老板不重视你，是因为你的能力不足，却又不努力学习；而后你痛下苦功，能力不断提高，于是你的竞争力也提高了，老板自然而然对你刮目相看了。”

一个人工作，永远都是为他自己书写人生简历，只有付出大于得到，先让自己有作为，才能让别人给你地位。

刘瑜来到新公司，开始在办公室打杂，心里感到很惶恐，找不到自己的位置，晚上失眠，但他没有消极对抗，而是从简单的打电话、发传真做起，不懂就问，不会就学，很快就熟悉了工作，并获得了大家的好评。不久，刘瑜就被公司安排负责“责任文化”教育活动，一个月后被任命为企业文化办公室副主任。

一个有追求的人要舍弃为老板打工的思想，要在珍惜组织这个大家庭的前提下才有可能实现自己的小利益，要认识到先有作为后有地位，实现人生的目标必须要靠踏踏实实的努力和奉献。要专注于目标，清楚地认识它，紧紧地盯住它，只要你用心追求目标，你就一定能成功。

“一线工作”是“先作为”的好机会。很多人看不起也不愿意从事“一线工作”，甚至很多大学生还没毕业，还在毕业实习的时候就恨不得一步登上管理岗位。可是如果你没有经历过“一线工作”这个“聪明地学，傻傻地做”的过程，你的心智又怎能有一个历练的过程，你又怎么会成为一个领导者呢？也就是说，你没有用心体验过这样一个过程又怎么会知道“一线工作”人员的内心世界和工作特点呢？这里所说的“一线工作”是广义的，不仅仅指从事纯体力劳动的操作工，比如记者相对于电视台的台长就是一线的工作人员……“一线工作”能让你真正嗅到市场的“火药”，便于你的决策。如果你想最终“脱离”(事实上永远也脱离不了)“一线工作”，例如你想成为一个真正的CEO，你一定要做过三件事：一是营销；二是管理；三是财务(最起码你应该能看懂资产负债表，懂得现金流量，看懂财务报表，知道成本利润的核算)。而这些工作恰恰都来源于“一线工作”，所以我们不要片面认为不在一线工作就是有地位，要带着满腔热情去拥抱“一线工作”。

四、是金子总会发光

“是金子总会发光的”，这句话经常用来鼓励人。它的大体意思是：暂时没被发现的有智慧、有能力、有才华的人不会总被埋没，即使一时受挫也只是短暂现象，只要持之以恒地不断努力，总有一天会被发现，也会得到别人的承认，就好比被埋在泥土里的金子，终究会被发掘出来，同样会发出灿烂的光芒。

从物理上来说，金子属于非放射性物质，它自身不会发光，但具有较好的反光性能，受光线照射越强、越足，反射出的光芒越黄灿灿。而且，金子具有极高的抗腐蚀的稳定性、良好的导电性和导热性，除了用于充当首饰材质、世界货币之外，还被广泛应用于工业和尖端科学。将人才与金子相提并论，是因为二者皆有稀少、特殊和珍贵的特性。

金子本身是个被动体，需要得到光的照射才能被世人认知；同样，人成为人才离不开外界环境的哺育。一个人的成长进步跟周围的环境紧密相连，不同环境会塑造出性格、志向、兴趣、能力、品质相异的人。人才没被发掘时，还只能说具备一定潜力，要真正显现其作用和价值，除了靠自身努力，还要有展示天赋和潜力的平台。

可见，金子发光必须具备两个条件：一是自身是金子；二是有光源。

对人而言，首先要有才能，这是能够发光的前提和基础，也是人才需要具备的最基本素质；其次要被发掘出来。当合适的人被放到合适的位置后，才会显其能、尽其用、得其所，这是人生价值、组织愿景以及社会效益的最佳体现。

通过学习提升自己，就是让自己先成为金子，当有光源照射的时候才会发光。当然，金子要发光还需要主动寻找光源。如果金子被埋在泥土里，得不到阳光照耀，也将如普通石块一样默默无闻、黯淡无光。而且，在人有限的生命里，精力、知识和经验的“黄金期”其实很短，如果在最能发挥作用的时候没有登上舞台施展才华，错过“黄金期”后，光亮将大打折扣。金子要发光，就应该做到：有条件要发光，没有条件创造条件也要发光。对于金子来说，“会发光”是被动的，命运掌握在别人的手里，“要发光”是主动的，自己的命运由自己掌握。

清代王豫曾说：“才不称不可居其位，职不称不可食其禄。”把学习作为人生“第一要务”，以学增智、以学修德。保证工作所需知识用之不尽，才能真正做到谋能成其事，行能获其果。

第三节　拯救你的潜能

一、做最好的自己

人的能力分为两类：一类是实际能力；一类是潜在能力。

实际能力，就是你现在已经具备的能力，已经在过去的活动中表现出来的能力，比如，你踢球射门特别准，一射一个进，这说明你的踢球能力高。

潜在能力，就是还没有表现出来，但是有可能通过开发或通过某种学习、锻炼、激励就能够具备的能力。今天你没有学会的东西并不等于明天学不会，今天你做不到的并不等于明天做不到，今天你没有这种能力并不等于你明天没有。

所谓能人就是潜能开发得比常人多的人。

在1985年日本筑波国际科技博览会上，一粒极普通的西红柿种子，它长成后，一片叶子就可以伸展到十四平方米，像一个小教室那么大；而它结出的果实竟然有13000多个！

大家知道，用一般方法种西红柿，勤勤恳恳，精心照顾，一颗西红柿的种子结上几十个果实，就已经了不起了！但是，仅仅是采用了一种“水耕法”培育出来的西红柿竟能结出那么多果实！

其实，我们每一个人就像一颗发育极不充分的西红柿，都有结一万多个果实的潜能，但是却只开发出了结几个、十几个、几十个果实的能力。

这是我们的悲剧！每一个人都拥有方方面面、形形色色的巨大潜能，但是这些巨大潜能都处于沉睡状态，远远没有得到开发和利用。

著名心理学家詹姆斯说："我们只不过清醒了一半。我们只运用了身体上和精神上的一小部分资源，未开发的地方很多很多，我们有许多能力都被习惯性地糟蹋掉了。"

是谁糟蹋了我们的潜能？是我们自己！

一位已被医生确定为残疾的美国人，名叫梅尔龙，靠轮椅代步已十二年。他的身体原本很健康，十九岁那年，他赴越南打仗，被流弹打伤了背部，被送回美国医治，经过治疗，他虽然逐渐康复，却没法行走了。他整天坐轮椅，觉得此生已经完结，有时还借酒消愁。

有一天，他从酒馆出来，照常坐轮椅回家，却碰上三个劫匪，动手抢他的钱包。他拼命呐喊、抵抗，触怒了劫匪，劫匪竟然放火烧他的轮椅。轮椅突然着火，梅尔龙忘记了自己是残疾人，他拼命逃走，竟然一口气跑完了一条街。事后，梅尔龙说："如果当时我不逃走，就必然被烧伤，甚至被烧死。我忘了一切，一跃而起，拼命逃跑，及至停下脚步，才发觉自己能够走动。"

此后，梅尔龙在奥马哈城找到一份工作，他身体健康，与常人一样走动。

古人云：胜人者有力，自胜者强。我们需要战胜的不是别人，而是自己。只要我们自强不息，拯救自己的潜能，就拯救了自己的人生。

找出自己的优点，不用羡慕别人，永远做最好的自己。

二、突破自我设限

何谓自我设限？即以自我的灰暗观念来评判事与物，拒绝潜在

的机会！

科学家做过一个有趣的实验：

他们把跳蚤放在桌子上，一拍桌子，跳蚤迅即跳起，跳起高度均在其身高的一百倍以上，堪称世界上跳得最高的动物，再重复几遍，结果还是一样。然后科学家在跳蚤头上罩一个玻璃罩，跳蚤在连续多次碰到了玻璃罩后就主动改变了自己的高度。最后，玻璃罩接近桌面，这时跳蚤已经无法再跳，变成“爬蚤”了。跳蚤变成“爬蚤”，并非它已经丧失跳跃能力，而是由于一次次受挫学乖了，习惯了，麻木了。即使是玻璃罩实际不存在时，跳蚤连再试一次的勇气都没有了，玻璃罩已经潜意识罩在跳蚤心灵上了。跳蚤行动的欲望和潜能被自己扼杀！科学家把这种现象叫“自我设限”。

人们之所以愿意自我设限，原因有诸多方面：

(1) 自以为是，太绝对，用过去的经验推断现在与未来；

(2) 不够自信，自我否定，怕失败，怕拒绝；

(3) 能力不够，专业性不够，自我要求太低；

(4) 目光短浅，胸无大志，没有目标；

(5) 活在过去(无论失败或成功)，不愿意改变，不敢面对现实；

(6) 受情绪影响，不能适应变化，感觉变成感情；

(7) 懒惰、封闭、找借口……

世界上只有担起责任的人才能成功，只有说什么做什么、相信自己一定能够做到的人，才能达到目的。一个人要负起责、办成事，首先必须有坚决的自信力。始终相信自己做任何要做的事都绝对能够成功。

有许多人，一旦稍受挫折，就心灰意懒，提不起精神。他们认为自己的运气正在与自己作对，再挣扎也没有用。事业的失败，大多数并不是因为物质上的原因，而是因为没有自信心的缘故。除了人格之外，人生最大的损失莫过于失掉自信心。当一个人失去自信心时，一切事情都将不会再有成功的希望，正如一个没有脊梁骨的人，永远挺不起腰来一般。

只要你常常留心，就可以看见不少成功的人都曾经失败过，甚至曾一败涂地、一无所有，但因为有勇气，有决心，所以他们始终没有认输，而是坚强地在失败的地方站起来，努力前行。

任何人都必须始终保持住自己的勇气，无论遭遇怎样的挫折，都不要消沉意志。一个人如果老是拿不定主意，畏畏缩缩，势必要耽误自己的前途，就好像浮在水面的死鱼，任凭水势东飘西荡一般。一条活的鱼，是能够逆着急流，直冲而上的。有勇气、有决心的人，能最大程度地发挥潜能，没有障碍能够挡得住他。

班扬被关进了监狱，仍然写出《行进者的前程》；迈腾被挖掉眼睛，仍能写出《失去的天国》；派克门也靠着他一往直前的坚忍，写成《卡里夫尼亚和奥里更的浪迹》……像这一类的事迹，不知有多少。他们的成功，都是自信、沉着、毅力换来的。

突破自我设限关键要从观念和行动两个方面去努力。

1. 突破观念

- 过去不等于未来，每天都是全新的一天；
- 没有失败，只有暂时停止成功；
- 没有做不到的事，只有不想做事的人；
- 人的潜能是无穷的，只要你相信，奇迹一定会发生；
- 今天很残酷，明天更残酷，后天很美好；
- 发生在我们身上的一切都是好的……

2. 突破行动

- 态度决定一切；
- 行动证明一切；
- 接受别人的建议；

- 坚持尝试不同的方法去做每一件事；
- 敢于要求自我，敢于要求客户；
- 不断学习并总结经验教训……

“囚”字很可怕，就是人把自己给框住了。优秀的人就是突破了这个框框！成功的人永远在找方法，失败的人永远在找借口。做自己想做的事，做自己想做的人。突破自我设限，发挥出自己的潜能。

找出自己的优点，突破自我设限，不用羡慕别人，永远做最好的自己！

第四节 技巧烘托能力

一、没有重点就没有突破

从前，有位画家爱画山水。朋友请他画一幅青松图，他画好了一棵挺拔的青松，色彩鲜艳，主题突出。后来他想，在植物学上松柏不是同科吗？于是，他又画了棵柏树，又一想，不是说松、竹、梅是“岁寒三友”吗？他又画了竹和梅。画着画着，灵机一动，有松要有山，有山必有石，干脆全画上。这样画来画去，画布主题究竟是什么，再也看不出来了。

毛泽东是抓重点的能手，“没有重点就没有政策，就没有突破”，“伤其十指不如断其一指”。毛泽东一个重要的领导方法就是善于分清主次、抓主要矛盾。他把主要矛盾的原理运用到管理实践中，形成了抓重点、抓中心工作与抓一般工作相结合的管理艺术。

毛泽东在中国共产党第六届中央委员会第六次全体会议上的政治报告叫《论新阶段》。这个报告是在1938年10月12日至14日作的，其中有一部分叫“中国共产党在民族战争中的地位”是14日讲的。在这一部分中，毛泽东提到了领导者干什么的问题。领导者的责任，归结起来，主要是出主意、用干部两件事。一切计划、决议、命令、指示等等，都属于“出主意”一类。使这一切主意见之实行，必须团结干部，推动他们去做，属于“用干部”一类。毛泽东认为，领导者只要做好了“出主意”、“用干部”这两件事情，就是尽到了责任。在这里，毛泽东明确指出，必须推动干部们去做的事情，就必须推动他们去做，只有懂得了这一点，才是尽到了领导者的责任。

负责任也不是让人事必躬亲，“眉毛胡子一把抓”。一位领导干部对笔者在课上提出的“天下兴亡，我的责任”这一观点提出了疑义：“如果什么事情都是我的责任，单位所有的责任都要我负，我怎么负得了？”这里有一个责任心态和责任实体的区别。百分百负责任是责任心态，分工负责是责任实体，百分百负责任并不排斥分工负责；同时，负责要讲策略，要分清楚哪些是你必须亲自抓的，哪些是你需要授权的——百分百负责任，就是说，即使授权了，出了问题也是授权者的责任，授权者要保证授权的工作不出问题，所以管理上的授权是有原则的。

组织中的高层管理人员、中层管理人员以及基层管理人员的职责有所不同。

高层管理人员的职责是制订组织的总目标、总战略，掌握组织的大政方针并评价整个组织的绩效。中层管理人员的主要职责是贯彻执行高层管理人员所制订的重大决策，监督和协调基层管理人员的工作。基层管理人员的主要职责是给下属作业人员分派具体工作任务，直接指导和监督现场作业活动，保证各项任务的有效完成。

明茨伯格是加拿大著名管理学家，他让学生们对几位经理的工作进行了跟踪记录，以确定经理们平时干了哪些工作，这些工作分别花了多少时间。记录结果与经理们的主观感受对照后，让经理们大吃一惊。如某经理认为自己每天的工作时间，三分之一用于处理内部事务，三分之一用于同外界交流沟通，三分之一用于其他事务。实际记录却发现，经理每天用于有效工作的时间很少，大部分时间用于处理琐碎的事务，或用于根本不该干的事。经理干了自己不该干的事，经理干了下属该干的事，经理干了无效的事，这种现象称为管理错位。管理错位浪费了经理们最宝贵的资源——时间和精力，而大多数经理们却浑然不知，自我感觉还好着呢！

应该由别人来承担的责任，你不要去代替，你可以提供支持，但不要管理越位。管好自己该管的事情，这是管理者最重要的责任；为了帮助其他人工作做得更好，你帮他负责任，要讲究科学的方法。管理者在管理中讲究科学的工作方法，这本身就是一种责任。比如，你希望你的孩子高考中取得好成绩，你就要去担负一个责任，你可以给他一个安静的学习环境，也可以给他增加营养，可以帮助他树立信心……但如果你认为去给他代考或者帮他偷答案是你的责任，那就荒谬了。

2009年，吉林省松原市扶余县第一中学两位老师——刘艳华和何淑杰由于向毕业生家长出售高考作弊器材，在高考前被警方逮捕。

刘艳华交代，她先后向考生家长兜售了二十七套作弊设备，并向考生家长许诺，到高考时自己能给考生传答案。

在扶余县公安局，陈国庆副局长将收缴的作弊设备展示给记者："这是发射器，能够通过这个将答案发送出去。"他拿起一块橡皮："这是接收器。"正在记者疑惑时，他抽开橡皮，露出一块液晶显示器："这样的橡皮和这样花生大小的耳机，他们一共卖出了二十七套。"

警方找到购买作弊设备的家长和学生问话，收缴作弊器材，但因为尚未形成事实，所以没有对家长或学生采取措施，"他们都正常地参加了高考"。

要避免管理错位，经理们每天上班前都要问自己三个问题：我是谁？我今天应该干什么？我今天不应该干什么？然后要用自问自

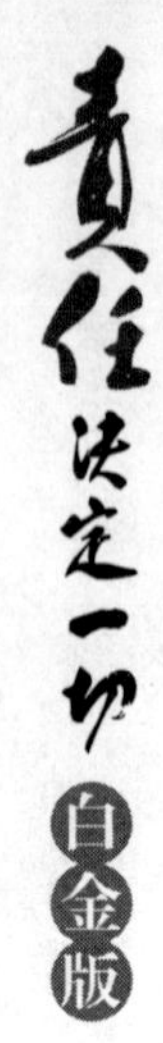

答的方式认认真真地回答一遍。

“我是谁？”这个问题看似简单，实质上正确理解的人并不多。回答这个问题的主要目的是让经理们明确自己的角色定位。通过自问自答的方式强化角色定位，在心理学上称为自我暗示。经理们确实需要不断的自我暗示。因为经理只要进入工作岗位，就会被各种各样的事务和人包围，往往身不由己，特别容易出现管理错位。

“我今天应该干什么？”回答这个问题，实质上是在作一天的工作规划。有效工作的经理，必定干自己想干的事，干自己应该干的事。经理应该主动工作，干计划内干的事；而不是被动工作，干不属于自己干的事，干计划外的事。经理们工作时，很容易犯的错误就是“来什么事，就干什么事”。本来正在集中精力考虑开拓市场的事，来了一位下属要求签字，于是把精力转向签字事宜。过了一会，一位下属来请示一个问题，又开始帮下属出主意、想办法。结果一天下来，开拓市场的事一点结果也没有。

“我今天不应该干什么事？”这句话是要不断暗示自己：自己容易犯哪些错误，不能再犯了。有些经理早上上班时本来是有计划的，但一进入工作状态便身不由己。下班时回想起来，大多数是自己不该干的。这样的事每天都在重复发生，非刻意强化而不能自已。

要避免管理错位，经理上班开始工作时，还要问自己三个问题：“这件事如果不做，有何后果？”“哪些事情别人做，可能干得更好？”“哪些事是在浪费别人的时间？”

“这件事如果不做，有何后果？”这句话是要问自己：哪些事根本不必做，做了也是白白浪费时间，无助于达成企业的既定目标。然而，很多大忙人，天天都在做一些不肯丢下不做的事，如频繁参加宴请、仪式、本可以不出席的会议、发表一些不痛不痒的讲话。这些事不知占用了多少宝贵的时间。其实，对付这类事情，只要问一下对公司有无帮助，对本人有无帮助，或对对方有无帮助。如果都没有，或者贡献甚微，完全可以不去做。

“哪些事情别人做，可能干得更好？”这句话是要问自己：我是否在犯经理们通常容易犯的一个毛病——事必躬亲。事必躬亲的原因很多，有的是为了对上级显示自己的忠诚，有的是不信任下属，遇到问题，总怕下属做不好，于是亲自动手干起来，做了下属该干的事。其实，即使经理比下属干得好，仅从经理有更重要的事要做这点考虑，也不应该越俎代庖，而应该让下属去做。

“哪些事是在浪费别人的时间？”这句话是要问自己：是否由于自己的工作安排失当，而让下属干了很多不该干的事，而下属碍于经理的脸面，又不好拒绝。如某公司经理开会，总要通知财务主管参加，其实大多数会议与财务无关。财务主管如果不参加，似乎很为难；如果参加，不是在白白浪费时间吗？

以上是管理六问，认真回答这些问题，可以有效地避免管理错位，抓住重点责任，突破管理误区，经理的工作实际上会更轻松，工作效率也会大大提高。

二、注重小事才能成就大事

天下有大事吗？天下的大事都是由小事组成的。出大事也是由小事引起的。1970年4月，美国太空船阿波罗13号正在执行登陆月球的任务，快到月球了，它却因无法登上去而无奈地返了回来，只是因为一节30美元的小电池坏了，这个酝酿很久的航天计划被破坏了，几亿元报废了！很多飞机失事也是由于一节油管不通、一个轮胎放不下来造成的。

《每人只错一点点》以一个发人深省的沉船故事为引子，向我们淋漓尽致地展现了责任对于我们每个人的生活、工作的重要作用。巴西海顺远洋运输公司“环大西洋”号海轮是条性能先进的船，但在一次海难中沉没了，二十一名船员全部遇难。当救援船到达出事地点时，望着平静的大海，救援人员谁也想不明白，在这个海况极好的地方到底发生了什么。这时，有人发现救生台下面绑着一个密封的瓶子，里面有一张纸条，二十一种笔迹，上面记载着从水手、大副、二副、管轮、电工、厨师、医生、船长的遗言：有的是私自买了一个台灯用来照明，有的是发现消防探头误报警拆掉了没有及时更换，有的是发现救生阀施放器有问题把救生阀绑了起来，有的是例行检查不到位，有的是值班时跑进了餐厅……最后是船长麦凯姆写的话：发生火灾时，一切糟糕透了，我们没有办法控制火情，而且火越来越大，直到整条船上都是火。我们每个人都犯了一点错误，但酿成了船毁人亡的大错。读完这本书，我们仿佛看到那二十一名船员在茫茫大海上，在“环大西洋”号海轮里自责、叹息、惊恐、挣扎……掩卷沉思，想到的是“细节”和“责任心”两个词，是对细节的疏忽，是责任的缺失，才酿成了船毁人亡的悲惨一幕。虽然他们只是错了一点点，或许对于他们来说只是极其平常的一点点，但无论“环大西洋”号在当时是多么先进、多么坚固，却无奈于那一点点错误。每人只错一点点的结局就是大灾难。

细节无论是对一个国家、一个企业、一个部门，还是一位普普通通的员工，都是非常重要的。在中国有句古训：“千里之堤，溃于蚁穴。”讲的就是这个道理。当前，组织管理进入精细化管理时代，注重细节，把小事做细、做实、做好，越来越成为人们的共识。一个组织能否避免出现“沉船”的命运，关键在于组织从上到下每个人能否始终如一，认真负责地做好身边的小事，管好身边的小事，真正杜绝“每人只错一点点”，切实做到：凡是规章制度都不折不扣地执行；凡是自己参与的事情都需要具备强烈的责任感，树立责任意识，不给自己留隐患，不给自己找借口；凡是工作都真正实现精细化操作，自动自发，养成一种习惯，培育一种品格……

组织中每一个人都应该认真吸取“每人只错一点点”的教训，以“勿以善小而不为，勿以恶小而为之”的谨慎状态投入工作中，以你漏我堵、你缺我补的主人翁责任感处处盯问题，时时查隐患，认真把好每一个岗位、每一个环节的关口，确保零违章、零差错，确保组织稳定持续发展。

一位秘书说：“我的工作每天就是收收发发、打字传真、整理文件、合同管理等。虽然微不足道，却不能有半点马虎。收发错误就会延误工作，给工作造成麻烦；打错文件，就会造成错误理解，甚至出现执行错误；合同文件的丢失，就会造成工作的无序，甚至导致法律问题。所以，在工作中我不能有懈怠，必须严格谨慎。”

咱们再来看一个例子。

一个叫福特的年轻人，大学毕业后，去一家汽车公司应聘。和他一同应聘的三四个人都比他学历高，当前面几个人面试之后，他觉得自己没有什么希望了。但既来之，则安之。他敲门走进了董事长的办公室。一进办公室，他发现门口地上有一张纸，他弯腰捡了起来，发现是一张废纸，便顺手把它扔进了废纸篓里。然后才走到董事长的办公桌前，说：“我是来应聘的福特。”董事长说：“很好，很好！福特先生，你已被我们录用了。”福特惊讶地说：“董事长，我觉得前几位都比我好，你怎么把我录用了呢？”董事长说：“福特先生，前面三位的确学历比你高，而且仪表堂堂，但是他们的眼睛只能看见大事，而看不见小事。你的眼睛能看见小事，我认为能看见小事的人，将来自然能看到大事，一个只能看见大事的人，他会忽略很多小事，是不会成功的。所以，我才录用了你。”福特就这样进了这家公司，后来福特把公司改名为“福特公司”，也改变了整个美国的国民经济状况，使美国的汽车产业在世界占据重要位置，这个年轻人就是今天“美国福特公司”的创造人。

我们必须改变心浮气躁、浅尝辄止的毛病，提倡注重细节、把小事做细。做好每天的每一件事情。古人说：“不积跬步，无以至千里；不积小流，无以成江海。”“一屋不扫，何以扫天下？”这些都是在告诉我们一个道理：凡事皆由小到大，小事不愿做，大事成空想。“泰山不拒细壤，故能成其高；江海不择细流，故能就其深。”所以，大礼不辞小让，细节决定成败。在工作中，往往是想做大事的人很多，但愿意把小事做细的人却很少；我们不缺少雄韬伟略的战略家，缺少的是精益求精的执行者；不缺少各类管理规章制度，缺少的是不折不扣地执行规章条款。注意细节，就是重责任的表现；不负责任，是不会重视工作中的细小环节的。

“老师妈妈！”这是湖南郴州五马垅小学的孩子们对他们的老师盘振玉最亲切的称呼。这位瑶族女教师用自己的青春和无私的爱，扎根高山，献身教育，赢得了孩子和乡亲们的爱戴，被评为全国十佳师德标兵、全国模范教师、全国中小学优秀班主任、全国先进工作者、全国十大杰出青年、湖南省农村教师突出贡献奖、湖南省十大新闻人物等荣誉称号。

盘振玉独自一人扎根在几乎与外界隔绝的瑶山二十九年，一所学校、一个人，其艰苦条件可想而知。其间有二十年不通电、十八年不通路，至今也没有班车，所有的课本教材全是她肩扛手提运上山。全村适龄儿童百分之百入学，盘振玉先后垫付学费八千多元。她将全部的精力和心血献给了山区的孩子们。她深情地说：“我虽然经历了那么多艰难困苦，但看到一批批山里的孩子走出大山，我不但感到幸福和快乐，更体会到山村教师在新农村建设中的责任。”

一位被盘振玉事迹感动的老师动情地说：“对于一个教师来说，每一张教案、每一堂课、每一次作业，都需要去认真对待；学生上学、放学、课间活动、午间休息，都需要去密切关注；学生的思想、心理、学习、身体、个性发展，都需要去全面关心；活泼好动的、沉默寡言的、顽皮的、聪明的、优秀的、落后的，都需要去细心呵护；成功的喜悦、失败的伤感、平凡的细节、难忘的片断，都需要及时总结。这些细节和小事，只有那些有着强烈责任感的教师才能做到。盘振玉一时的坚守并不是很难，难的是二十九年如一日。尽职尽责的态度是在平凡、点滴的日常具体事务中展现出来的。”

海尔总裁张瑞敏得出这样的结论：“把每一件简单的事做好就是不简单，把每一件平凡的事做好就是不平凡。”一颗小小螺钉的松脱足以引起整个宇宙飞船的爆炸，一个随地一扔的烟头可能引起整个森林的大火。任何一个细节的失误，都可能对全局造成不可挽回的影响。因此，必须以认真的态度做好工作岗位上的每一件小事，以高度的责任心对待每个细节，善于抓细节，跟细节较劲，切实做到细心、细致，切莫掉以轻心，功亏一篑。

三、没有最好，只有更好

负责任的人总是对自己提出更高的要求，不断改善，精益求精。

有位年轻人来到一家著名的酒店当服务员。这是他涉世之初的第一份工作，因此他很激动，暗下决心：一定要干出个样子来，不辜负父母的期望。

但让他没有料到的是，在新人受训期间，上司竟然安排他去洗马桶，并要求他必须把马桶洗得光洁如新！

面对马桶，他心灰意冷。这时，同单位的一位前辈来看他。她什么话也没说，只是亲自洗马桶给他看。等到马桶洗干净了，她从马桶里盛了一杯水，当着他的面一饮而尽！

这位前辈用实际行动告诉他：经她洗过的马桶，不仅外表光洁如新，里面的水也是干干净净的。

前辈的示范给年轻人树立了好的榜样，从此他安心洗马桶，而且将工作做得无可挑剔：他也可以当着别人的面，从自己洗过的马桶里盛一杯水，眉头不皱一下地喝下去。

后来，这位年轻人成了世界旅馆业大王。他就是康拉德·希尔顿。

一个能洗好马桶的人不可能洗一辈子马桶；一个洗不好马桶的人很可能要洗一辈子马桶，甚至连洗马桶的差事也会丢掉！干好手头的工作是成长的基础，追求工作的完美是生命的义务。人与人经济上的差距，事业上的差距，都可以归结于敬业态度和日常工作完美度上的差距。成功永远不会恩典玩世不恭的人。作为组织中的一分子，我们无论做任何工作，都应该有这种“擦马桶”的精神，追求精益求精。而不负责任的人总是认为已经做得不错了。

有个公司请老师讲课，安排了培训主管专门负责跟老师联系。但这个培训主管的工作质量真的是不能恭维。订个合同没有盖章；寄个快件没有写名字，为了节约时间，老师只好自己去快递公司取件；老师请他订第二天的返程飞机票，他说当天来不及返程——说的是第二天，并没有说当天；上课前一天，老师下了飞机，在机场出口处等了四十多分钟，没有见到约定的人来接，后来总算等到一个电话说车子抛锚了——抛锚也应该早点通知啊；老师去宾馆了，却发现没有给订房间，老师在宾馆大厅足足等了一个多小时，打电话追问才被告知房间根本没订——培训主管说他已经订过，是酒店的问题，他也没有办法，并且粗暴地把电话挂断了，表示他对老师的追问很生气。自始至终，整个接待工作就没有一个环节是顺利的！好在这只是这家公司的个别现象。这样的工作质量不把顾客吓跑才怪呢！所以这位培训主管不久后就被公司辞退了。

要不断改进工作质量，需要经常问问自己：“我到底做得怎么样？”

在工作一段时间后，很多人都认为自己的工作已经做得很好了。但是，你真的已经发挥了自己最大的潜能而把事情做得完善了吗？每个人都拥有巨大的潜能，如果平时能以一种谦逊的态度去工作，就能够把自己身上的潜能最大限度地发挥出来，把事情做得尽善尽美。

有一个替人割草打工的男孩儿打电话给王太太："您需不需要割草工？"王太太回答："不需要了，我已有了割草工。"男孩儿又说："我会把草割得整整齐齐的。我会把草丛中的杂草拔得干干净净的。我还会额外地做些其他的家务活。"王太太回答："我的割草工已做了。"男孩儿又说："我会帮您把道路两边的草割齐。"王太太说："我请的那人也已做了，谢谢你，我不需要新的割草工人。"男孩儿便挂了电话。此时男孩儿的室友问他："你不是就在王太太那儿割草打工吗？为什么还要打这个电话？"男孩儿说："我只是想知道我到底做得怎么样？"

多问自己："我做得如何？"这就是责任。

《易经》中："君子以见善则迁，有过则改。"意思是说君子看见好的就调整改善自己，有过错就改正。这句话对"见善则迁"和"有过则改"进行了区分，迁善是变得更好，改过是改正错误。

有句广告说："没有最好，只有更好。"这就是迁善。

孔子说："吾日三省吾身。"这就是迁善。

没有对错，只有更好，只要能做得更好，就要做到更好，永远看到"不足"，永远追求"更好"，这就是迁善。

四、会说话才会办事

沟通是人与人、人与群体之间思想与感情的传递和反馈的过程，以求思想达成一致和感情的通畅。许多问题都是由沟通不当或缺少沟通而引起的，结果会不可避免地导致误传或误解，使责任成果大受影响。所以，有效沟通是解决问题的有效方法。

沟通带给我们的好处很多：能减少误解获得更多的信任；能获得更佳、更多的合作；能使自己办事更加井井有条；能增强自己进行清晰思考的能力……

那是在美国经济大萧条时期，有一位姑娘好不容易才找到了一份在高级珠宝店当售货员的工作。在圣诞节前夜，店里来了一个三十岁左右的贫民顾客，他衣着破旧，满脸哀愁，用一种不可企及的目光盯着那些高级首饰。

姑娘去接电话，一不小心把一个碟子碰翻，六枚精美绝伦的戒指落到地上。

她慌忙去捡，却只捡到五枚，第六枚戒指怎么也找不到，这时，她看到那个三十岁左右的男子正向门口走去，顿时意识到戒指被他拿去了。当男子的手将要触及门把手时，她柔声叫道：

“对不起，先生！”

那男子转过身来，两人相视无言，足有几十秒。

“什么事？”男人问，脸上的肌肉在抽搐。

“先生，这是我头一回工作，现在找个工作难，想必您也深有体会，是不是？”

男子久久地审视着她，终于一丝微笑浮现在他的脸上。他说：“是的，确实如此。但是我能肯定，你在这里会干得不错。我可以为你祝福吗？”他向前一步，把手伸给姑娘。

“谢谢您的祝福。”姑娘也伸出手，两只手紧紧握在一起。

姑娘也用十分柔和的声音说：“我也祝您好运。”

男子转过身，走向门口。姑娘目送他的背影消失在门外，转身走到柜台边，把手中的第六枚戒指放回原处。

在工作中，你需要与你的上级、下级、相关部门，尤其是你的客户进行各种不同层次的沟通，如果你发现自己与人交流沟通不当，想一想是否因为自己没有重视沟通？有了良好的沟通，办起事来就顺畅得多。

前美国总统约翰·卡尔文·柯立芝有一位女秘书，人长得很漂亮，就是工作中常粗心出错。柯立芝总统平时少言寡语，一天早晨看到女秘书走进办公室时，他却出人意料地夸奖起她来："今天你穿的这身衣服真漂亮，正适合你这样年轻漂亮的小姐。"这几句话简直让女秘书受宠若惊。柯立芝接着说："但也不要骄傲，我相信你的公文处理的也能和你一样漂亮。"果然从那天起，女秘书在公文上很少出错了。总统的一位朋友知道这件事后，就问柯立芝："这个方法很巧妙，你是怎么想出来的?"柯立芝总统得意洋洋地说："这很简单，你看过理发师给人刮胡子吗?他先要给人涂肥皂水，为什么呀？就是为了刮起来使人不痛。"柯立芝的这番话，正是他艺术地处理下属毛病的确切诠释。

要实现组织的有效沟通，必须消除沟通障碍。在实际工作中，可以通过以下几个方面来努力。

1. 团队领导者的良好榜样

领导者要认识到沟通的重要性，并把这种思想付诸行动。组织的领导者必须真正地认识到与下属进行沟通对实现组织目标十分重要。如果领导者通过自己的言行认可了沟通，这种观念会逐渐渗透到组织的各个环节中去。所以，领导者的沟通风格对整个组织的沟通效果是影响很大的，领导者要努力改善自己的领导风格，做良好沟通的榜样。

2. 组织成员提高沟通水平

组织成员在沟通过程中要集中注意力，认真感知，以便信息准

确而又及时地传递和接受，避免信息错传，减少信息的损失；要训练自身记忆的准确性，记忆准确性水平高的人，传递信息可靠，接受信息也准确；要提高思维能力和水平，这对于正确地传递、接受和理解信息，起着重要的作用；要善于创造一个相互信任、有利于沟通的小环境，避免因偏激而歪曲信息，有助于人们真实地传递信息和正确地判断信息。组织有责任通过各种培训，帮助其成员提高沟通水平。

3. 组织沟通方式相对统一

每个人的沟通方式不尽相同，对待别人的沟通方式认可度也不一样。沟通的“各自为战”使沟通产生了很大的障碍。我们可以在组织中采用一种有效、系统、易于掌握、易于复制的统一的沟通方式。向大家推荐的是教练式沟通，迅速模式化提高领导力与执行力，彻底全面升级企业管理实战技能。教练式沟通在笔者著作《教练——教练型管理者实战操作指南》中有详细介绍。

4. 保证沟通渠道顺畅

信息传递链过长，会减慢流通速度并造成信息失真。因此，要减少组织机构重叠，拓宽信息渠道。另一方面，组织管理者应激发组织成员自下而上地沟通，允许下属提出问题，并得到高层领导者的解答。此外，在利用正式沟通渠道的同时，可以开辟非正式的沟通渠道，让领导者走出办公室，亲自和基层人员交流信息。坦诚、开放、面对面地沟通会使基层人员觉得领导者理解自己的需要和关注，取得事半功倍的沟通效果。

负责任的人总是对自己提出更高的要求，善于抓每个细节，不断改进说话的艺术，做到精益求精。

第五节 精力也是能力

一、身体是革命的本钱

常言道：身体是革命的本钱。的确，世间一切事物中，人的身体是最宝贵的。人世间一切追求、创造、奋斗都有赖于健康的身体，有赖于生命的存在。如果失去了健康，所有的追求，所有的创造，所有的奋斗都会大打折扣。而如果失去生命，则一切都不可能发生。

抗震救灾期间，我们经常看到电视屏幕上的解放军战士不远千里来支援灾区，面对道路通信完全中断、余震不断等艰难险阻，广大官兵与时间赛跑，展开抢险救援行动，有时连续几昼夜吃不上热饭，喝不上干净水，睡不好觉，生理和心理都经受了严峻的考验。不少官兵感叹："幸亏身体扛得住，否则上也上不去，走也走不到，别说救人，自己说不准先趴下了！"

冲锋陷阵，履行使命，自己的身体首先要吃得消。没有精力，哪能工作？从这个意义上说，精力也是一种重要的能力。

当年，老一辈无产阶级革命家们满怀崇高远大的革命理想，靠一身任何艰难困苦也折不断、摧不垮的铮铮铁骨，赴汤蹈火，南征北战，开创了建立新中国的宏伟事业。应该说，"身体是革命的本钱"正是从惊心动魄、波澜壮阔的革命实践中得出的深刻感悟和精辟论断。今天，社会主义和改革开放的伟大实践一次次

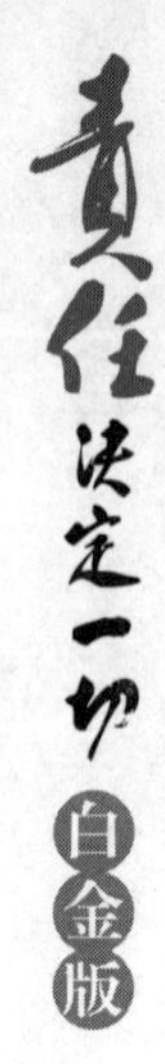

充分证明，“本钱论”依然没过时；不仅没过时，而且应摆在更加突出的位置。

据《中国企业家》杂志对国内企业家进行的《中国企业家工作、健康与快乐状况调查》结果表明：“肠胃消化系统疾病”占30.77%；“高血糖、高血压以及高血脂”占23.08%，“吸烟和饮酒过量”占21.15%；90.6%的企业家处于“过劳”状态；28.3%的企业家“记忆力下降”；26.4%的企业家“失眠”。更严重的是，仅有60%的企业家知道如何减压，多数人自己吞下压力，对身体造成巨大负荷。这实际上是目前中国医疗服务体系中健康管理完全缺位的后果。由于我们长期习惯了“生病就医”的医疗模式，在尚未完全发病的情况下对自己的健康状况不重视，而当病魔袭来的时候，一切都已经晚了。

最近几年，随着社会经济的发展，中国社会最活跃的力量——商界，频频遭遇一个极“不和谐”的音符——企业家非正常死亡，其中有许多是积劳成疾或压力过大导致的自杀。正当中年的他们不仅是家庭的顶梁柱，而且是公司成败的关键、社会财富的缔造者。正由于责任，他们过度劳累和精神高度紧张，导致了这群企业管理者极其令人担忧的健康状况，也正是这种不健康，使得这些企业家成为了不负责任的人——企业家作为社会财富的创造者，其健康状况关系到组织的存亡和社会的发展，他们的英年早逝，使他们的家人永远失去了亲人；对于他们所在的公司，永远失去了曾经领导公司蓬勃向上的领军人；对于社会，永远失去了一批创造个人价值同时创造巨大社会价值的精英。健康不仅是财富，更是一种责任！

企业家的健康状况只是全社会健康状况的一个缩影。在竞争日益激烈的社会环境下，人们常常无暇顾及身体，不注意“积攒本钱”，锻炼身体三天打鱼两天晒网；有的长期“透支”，小病“硬扛”……长此以往，对个人来讲，消磨损伤了“本钱”，再远大的理想也成了空想，再强的能力也胜任不了岗位的需要。同时，也无益于组织的战斗力建设。

如果把人的健康比作“1”，其所拥有的一切财富比作“0”，后面的“0”如：事业、家庭、地位、金钱等，那么，有了健康“1”，后面的“0”越多，人生就越有意义。如果代表健康的“1”不存在了，后面再多的“0”也是一无所有。没了健康，再多的财富，其价值也只会等于“0”。据调查，90%以上的中国人40岁前为钱玩命，40岁后为命烧钱。所以，健康也是财富，而且是最大的财富。

健康不仅是指身体没有疾病或不虚弱，而且包括精神的健康和社会幸福的完美状态。所以，健康包括三个方面的内容：身体好，没有疾病，即生理健康；心理平衡，始终保持良好的心理状态，即心理健康；个人和社会相协调，即社会适应能力强。

作为组织中的一分子，“本钱”是个人的，也是属于组织这个特殊战斗集体的，个人固然有责任倍加珍惜，当领导的同样要义不容辞地爱护。领导者一定要有“本钱意识”，把爱护部属身体视为己任，摆上位，抓到位。要搞好经常性健康常识教育，严格落实体能训练，促进组织成员爱惜“本钱”的自觉性。要从大家生理和心理承受能力的实际出发安排工作，计划不宜过满，节奏不宜过快，要求不宜过急，避免大量占用休息时间。要像抓组织业绩那样重视提高大家的健康水平，努力实现组织建设与成员身体“本钱”的双促进、共发展，为组织的发展夯实基石。

成功举办2008年奥运会的中国首都北京2010年8月9日开始恢复广播体操，每天十时和十五时各一次，每次连续播放第八套广播体操两遍，时长为八分钟左右。

广播体操的恢复，不光是伸伸腿、弯弯腰这么简单，它折射的是政府对劳动者健康的关注。对于工会而言，工间操的恢复，是职工健康权益的一次维权行动。也正因此，广播体操是一个“药引子”，醉翁之意在于让广大职工动起来，不拘形式。有关领导表示，集体做操并非唯一的选择，只要监督保证职工获得正常的工间休息时间，采取哪种方式锻炼应由职工自己说了算，同时鼓励各个单位根据自身特点、工作性质和时间安排，自行创编行业操，开展有针对性的健身活动。

二、生命在于运动

“生命在于运动”几乎是妇孺皆知。流水不腐，户枢不蠹。保持健康的身体，离不开运动。生命在于运动，运动在于锻炼，锻炼贵在坚持，坚持就是胜利。

但当体育运动成为一项竞技后，全民健身运动反而有些落伍。尤其是当人们成年以后，忙于工作，忙于挣钱，忙于家庭，早已无暇顾及锻炼，整天拖着疲惫的身体被动应付，在巨大的学习、工作、社会等多方压力下，亚健康成为了在城市工作的人们，特别是出入高档写字楼的职业白领们的普遍状态。

2006年8月24日这天，是某大学新生入学军训的第一天，19岁的李力(化名)却在军训期间突然倒下，被送到医院时他已经结束了年轻的生命。

这一不幸的事件一经报道，立即在互联网上引起了巨大反响，很多网友口诛笔伐，认为学校理应为李力之死负起相应责任，不少人还将抨击的矛头指向了现行的大学新生军训制度，认为其存在诸多的不合理之处。但是，我们在指责李力所在大学军训前没有对新生进行必要的体检以及大学新生军训制度没有尽善尽美的同时，难道不该注意到李力的身体状况脆弱得竟然经不起“立正、稍息”这样最低强度的运动吗？

据李力的同学介绍，当天下午的军训强度其实并不是很大，只是训练一些基本的步伐，而且持续时间也不长。要说如此普通的训练强度就导致一个十九岁的年轻人猝然死亡，谁都无法相信。而另一个必须被重视的细节是：记者在抢救现场看到，急诊室的一张病床被李力小山一样的身体“塞”得满满的。据医院的护工介绍，李力送来时他们本来用普通的担架在急诊室门口接病人，谁知窄窄的担架根本装不下这名“巨型”学生，最后护工推来了抢救室里的病床，用了五六个人才把他推到急诊室里。护工估计李同学的体重快要接近一百五十公斤了。

十九岁的大一新生，将近一百五十公斤的体重，普通强度的军训，猝然死亡。我们不禁要思考，这几者之间的联系究竟说明了什么？

运动不仅给我们带来健康，而且会给我们带来乐趣。运动最关键的是有乐趣，乐趣是运动的主因，我运动，我快乐，这应该是一个响当当的口号。有了乐趣，运动才会使人健康。

经过调查和研究，那些喜欢长跑的人，他们都感到长跑是种乐趣，而且一旦哪天没有坚持跑，就浑身不自在，只有运动起来，才会舒缓这样不自在的感觉，于是科学家得出这样的结论：长跑会使人上瘾。

大家都知道钓鱼这项运动，在不喜欢钓鱼的人眼里，钓鱼是件枯燥、无聊的事情，可是在钓者眼里，钓鱼是项最好的运动，让很多人上瘾。在绝大多数钓者心里，钓鱼是一项乐趣，特别是当钓到一条鱼时，无论是大鱼还是小鱼，都会心情愉悦。而古代的姜太公钓鱼，连钩子都没有，垂钓的是国家大事，看来这样的钓鱼属于最高级的运动了。

当然，运动不能过度，否则不仅不利于身体健康，还会有害，至于如何掌握度，以每次运动后的身体感觉不过于疲惫为宜，千万别每次运动后都累得虚脱，这样只会进一步损害身体。

如果把一个人的健康比作数字“1”，他拥有的其他财富比作数字“0”的话，只要“1”存在，可以在“1”后添加无数的“0”；但是如果“1”不存在了，那么即便有再多的“0”，也没有任何的意义。

第六节　是孔雀就开屏

孔雀开屏是很美丽的。但如果孔雀不开屏，不就把美丽隐藏起来了吗？那我们又怎么知道它的美丽呢？所以，是孔雀，就开屏吧，让我们看到你的美丽。

一、出列——让大家认识你

如果你所在单位人员较少，那么大家可能相互之间比较了解和掌握。而有的单位、公司，少则数百人，多则数千人，领导系统也有好几个层次。在这样的单位工作的人，要让上司和同事认识、熟悉你就比较困难。作为下属或者员工，要想展示自己的才能，就要孔雀开屏，就需要“出列——让大家认识你”。

因为，倘若这里有一万个人，一字排在司令官的面前，这位司令官是区别不开他们的。只有某几个步出行列的，才能被看到。企业老板会时常注意找寻几个能从员工队伍中向前步出的人。

从古到今，有多少孔雀是自己抓住机会开屏的？如果不开屏，它只会永远被埋没。在现在这个人才济济、竞争激烈的社会更是这样！

试想一下，诸葛亮如果不是名声在外，哪有刘备的三顾茅庐？又如何向刘备阐述自己对天下将三分的见解？又如何让刘备折服，以至成为刘备的超级军师？更不可能创造后面那么多的佳话了！

试想一下，李白、杜甫那些大诗人，司马迁、罗贯中这样的大作家，如果只是自己坐在家里，自己搞创作，搞抽屉文学，从来没有机会向世人展示，他们的作品永远是埋在千百年后泥土里的废

品，永远发不了光，更别提流传千古了！

试想一下，那些红极一时的选秀节目获奖者，如果没有参加海选，并在每次比赛中崭露头角，他们的能力很可能永远被埋没，永远成为他们生活中的插曲，自娱自乐罢了！

这个社会很现实，没有人会去探究你真实的样子，他们只要看你表现出来的样子，这大概就是“十年寒窗无人问，一举成名天下知”的原因了吧。沉默的人，在这个社会，会很吃亏。假如他不改变自己，即便有什么特长或能力，或者有什么非常的见解和学识，也不会得到重视，他只会孤芳自赏、郁郁寡欢；或者还有一种可能，那就是“为他人作嫁衣裳”。如果你不甘心，就请勇敢地秀出自己，抓住人生中稍纵即逝的机会！有时候，机会真的只是那个时候，机会真的就是那么几次，错过了，就永远错过了，不会再回来，再怎么事后诸葛亮也无济于事了。

要脱颖而出，你最好长得与众不同；
如果不行，可以身材与众不同；
如果不行，可以穿得与众不同；
做不到的话，可以说得与众不同；
不爱说的话，可以见解与众不同；
如果眼光不敏锐的话，可以做得与众不同。

每个人天生都是一块玉，但最早时只是一块尚未雕琢的玉。雕塑师是你自己，如何雕琢、如何包装全在于你本人。商品的包装归根结底还是取决于产品的质量。同样，人的外表的包装不是主要的，最主要的是内在的东西。要展现你真正的本质美，一切在你自己。

二、出列——亮出你的实力

出列之后，或多或少会引起注意，你会因此而获得进一步的机会。但出列不是出风头，如果你想一鸣惊人，除了需要“出列”的勇气之外，还需要有“出列”后体现的实力。

美军历史上共有过十名五星上将，艾森豪威尔是晋升最快的。他从上校到五星上将仅仅用了四年时间！这一切都是因为马歇尔这个“伯乐”。马歇尔在第二次世界大战时，担任陆军参谋长。这个职务对美国陆军高级军官的人事提名拥有决定权。他随身带着一个黑皮笔记本，里面记录着他耳闻目睹的一些有才华、有培养前途的军官的名字和表现，并且有他的评语。只要上了马歇尔的黑皮笔记本，就有可能升为更高一级的军官。艾森豪威尔曾三次被记录在本中。

第一次是1941年夏天，第三集团军搞了一次大规模的军事演习。艾森豪威尔是参谋长，负责筹划这次演习。这次演习最突出的特点是后勤协调得好，并且保障及时、有力。而这个问题正是当时美军中一个大大的难题。马歇尔看了演习后很满意，艾森豪威尔的名字就被记录在黑皮笔记本上。

第二次是太平洋战争爆发后，艾森豪威尔被调到陆军部工作的第一天，马歇尔问他：“我们在远东太平洋行动的方针是什么？”如果艾森豪威尔当时就回答是什么的话，就很可能不会有后来我们见到的他了。因为马歇尔最讨厌对重大问题脱口而出的行为——因为这种不加考虑就说出答案的做法投机的成分很大。

然而，艾森豪威尔却想了片刻，冷静地说：“将军，让我考虑几个小时再回答这个问题，可以吗？”马歇尔说：“好！”于是艾森豪威尔的名字又一次出现在马歇尔的笔记本上，不过这回又多了几个字：此人完全胜任准将军衔！

第三次是在决策美国反法西斯战略究竟是“先欧后亚”还是“先亚后欧”的问题上艾森豪威尔的表现。太平洋战争爆发之后，美国上下多数人认为，应该将太平洋作为美国的主战场。然而罗斯福和马歇尔从大战略考虑坚持要“先欧后亚”，把主要作战力量放在欧洲。所以，1942年4月7日，马歇尔先到英国访问，和英国人达成了一项联合作战的议案，回来之后，他没有对任何人透露议案草案的内容，就让艾森豪威尔飞往英国进行实地考察，并对在英国设立美军指挥机构、处理日后征兵等事务提出具体建议。艾森豪威尔领命飞赴伦敦，十天之后回国。6月8日，他完成了一份关于美军赴欧洲作战各军兵种统一指挥等问题报告，放在马歇尔的办公桌上。这份报告也透露出他在毫不知情的情况下坚决主张“先欧后亚”的反法西斯战略。

艾森豪威尔向马歇尔汇报之后，提醒马歇尔：“请将军再仔细阅读这份报告，看是否有错误或不当的地方。”马歇尔回答说：“我当然要阅读，但是你也许是执行这个文件的人。如果是这样的话，你打算什么时候飞赴伦敦？”马歇尔这句话的意思是：未来在欧洲作战的美军将由你来统帅。

这是一个让整个美国都想不到的决断，当时艾森豪威尔还是一个刚刚晋升为少将的军官。事后马歇尔在给罗斯福总统的提名报告里解释说：“艾森豪威尔不仅具有军事方面的学识和组织方面的才能，而且善于使别人接受他的观点，善于调解不同意见，使人感到心情舒畅，并真心地信任他。而这些品德和长处又恰恰是我们驻欧洲部队统帅所必须具备的素质。”

就这样，艾森豪威尔超越了比他资历老的高级将领，成为美国历史上继潘兴上将之后第二位远征欧洲的统帅。1942年6月24日，艾森豪威尔离别妻儿老小飞赴伦敦，走马上任了。

人才已经成为现代组织取得竞争优势的关键，而人才的实力又体现在问题的解决能力上。一个人才的竞争力必须表现为卓越的解决问题的能力，否则就是一文不值的。艾森豪威尔三次荣登马歇尔的黑皮笔记本，是因为每一次出列之后他都表现出色。

人才解决问题的能力决定了其工作绩效的高低。那些有很强的解决问题能力的人往往能够创造卓越的业绩，而那些欠缺这一能力的人则刚好相反。IBM的一位高级经理就表示，绩效的获得来自于解决问题的能力。日常工作的种类繁多，在有限的时间内完成多大的工作量完全取决于其解决问题的能力。

人才解决问题的能力，就是结合组织的愿景、战略和岗位职能，运用观念、规则、工作程序方法等对客观问题进行分析并提出解决方案的能力。

很多人认为，解决问题是高层领导的事，自己只要做好执行工作就行了。事实上，即使最基层的员工也不得不解决日常运营中的各种问题。比如，文件的处理、电话的接听、人员的接待、各种方案和书面材料的编写、事务的报告和传达、外围的调查、事件的调查与核实等等。

良好的解决问题的能力是当问题接踵而来而且复杂度不断升高时，能够系统地分辨轻重缓急并找出问题的成因，对症下药，以最有效率的方式一一解决问题。优秀的人才懂得：工作再难，也要想尽办法解决问题。

三、出列——不要脱离队伍

上司注意你，赏识你，喜欢你，并不一定提拔重用你。一个人要想得到重用，不仅要和上司搞好关系，得到上司的器重，而且要与同事搞好关系，在同事中建立威信。因为上司提拔重用你，是让你更好地带领其他员工完成任务。如果仅仅与上司关系不错，也有才能，但与同事关系不好，不能服众，上司就会担心，就不会轻易提拔你。出列的人必须首先具备一定的群众基础，否则，你越主动勤奋的工作，你的工作能力越强，只会树大招风、枪打出头鸟，聪明反被聪明误。

一个叫杨亚谷的年轻人，原是一家印刷公司办公室的工人，现在已经升任汤姆生公司支行的领导了。汤姆生公司支行的原行长叫莱苏，因经常出差，于是有些事便叫杨亚谷代做。杨亚谷始终唯命是从，不仅大事小事亲自做，而且常与下面的职员商量办事，行长莱苏和多数职员包括几个中层同行，都对杨亚谷比较满意。后来，莱苏被召回纽约总行任总干事，莱苏行长职位的候选人有三个，但经过几周之后，仍没有决定行长的继任人，这时，杨亚谷当然有心填补这个缺位，但他仍一如既往努力干好行长留下的工作，同时，继续搞好与群众的公共关系，结果不声不响地当上了支行领导。原来，是三位候选人被受命去投票，但必须推举除自己以外的人，以便定出哪个人应得到这个职位。投票结果，三票都投给了杨亚谷，结果杨亚谷被正式任命担任行长这个要职。如果杨亚谷没有群众基础，没有良好的人际关系，就不可能在其他候选人中脱颖而出。

有人对某个群体人员的生存状况进行调查，结果显示，一个人被单位所不容的原因，有60%是因为“搞不好人际关系”，以致变成形单影只的“孤雁”，不得不考虑调离。由此可见，正视人际关系，讲点处理人际关系的艺术，并非是可有可无的事情。俗话说：“一个篱笆三根桩，一个好汉三个帮。”一个人只有建立良好的人际关系，才能得到“三个帮”，才能成为一条“好汉”，做成自己想做的事情。

当你有好点子的时候，请一定要说出来，相信自己的能力。同时也不能忽视团队的力量，要相信，没有完美的个人，只有完美的团队。

第四章

知行合一　落实责任

——责任行为的实践

第一节　多做一点

一个成功的推销员用一句话总结了他的经验：“你想要比别人优秀，就必须坚持每天比别人多访问五个客户。”“比别人多做一点”，这几乎是事业成功者高于平庸的秘诀。有时，在工作中我们不必比别人多做许多，只需要一点点就已足够，就会让旁人刮目相看。

一、多做不吃亏

这些天特别忙，办公室新来的李老师晚上都在加班。校长到办公室查阅文件，看到只有李老师在，显得很失望。校长知道李老师刚刚到这个学校，这样的文件她一定还来不及熟悉，她也完全可以表示无能为力。但李老师却说：“这些文件不属于保密性的，或许我找得到。”当她将文件送到校长办公室时，校长显得非常高兴。半年后，她被提升当了学校办公室的副主任，校长坦言：“就是那次找文件的事情，让我感觉李老师是一位愿意帮助别人，真诚付出，且办事认真、勤快、负责的人。相同能力的情况下，我们会选择这样愿意多付出一点的人到更高的位置上为大家服务。”

世界上很少有报酬多一点而事情少一点的便宜事。想要一时少做一点当然有可能，但长此以往可能会付出巨大的代价。当工作从前门进来，你却自后门溜走，你失去的可是伴随工作而来的机会哦！ 主动要求承担更多工作是成功者必备的素质。大多数情况下，即使你没有被正式告知要对某事负责，也应该努力做好它。如果你能表现出胜任某种工作，那么责任和报酬就会接踵而至。

一位驾驶教练说起他的经历。他曾经是给领导开车的，由于司机经常需要送领导回家，就有了很多帮领导家背煤气罐的机会，而司机们都乐于做这样的事情，不会有哪一个司机说，这不是他分内的工作。因为，如果领导愿意让你走进家门，那就说明领导对这个司机是很信任的。假如领导连是你分内的事情都不让你干，那就相当于把你“枪毙”了，哪怕是公务活动，也会有意撇开你，而让那些愿意主动承担额外工作的人去享受这样的机会。

中国话中代价最高的三个字就是：我没空！“我没空”的人要么只做别人交代的工作，要么做不好别人交代的工作，他们会成为被裁掉的人，或是在一个单调、卑微的工作岗位上耗费他的终生。

一家公司的副总经理，最初工作时只是一名普通的销售员，现在已成为老板的左膀右臂。之所以能如此快速升迁，秘密就在于“每天多干一点”。

他说：“刚进公司，我就注意到，每天下班后，所有的人都回家了，老板仍然会留在办公室里继续工作到很晚。因此，我决定下班后也留在办公室里。是的，的确没有人要求我这样做，但我认为自己应该留下来，在需要时为老板提供一些帮助。”

“工作时老板经常找文件、打印材料，最初这些工作都是他自己亲自来做。很快，他就发现我随时在等待他的召唤，并且逐渐养成招呼我的习惯……”

一开始他没有因此获得报酬。但是，他获得了更多的机会，使自己赢得老板的关注，最终获得了提升。

“问题”意味着责任，而责任就是机会，不要总是以“这不是我的事情”为由来逃避责任。当额外的工作分配到你头上时，不妨视之为一种机遇。不过，有人曾经研究为什么当机会来临时我们无法确认，因为机会总是乔装成“问题”的样子。当顾客、同事或者老板交给你某个难题，也许这正是为你创造了一个珍贵的机会。

每天多做一点工作也许会占用你的时间，但是，你的行为会使你赢得良好的声誉，并增加他人对你的需要。

二、下班是工作的开始

有这么一个段子一度很流行：人世间痛苦的事，莫过于上班；比上班痛苦的，莫过于天天上班；比天天上班痛苦的，莫过于加班；比加班痛苦的，莫过于天天加班；比天天加班更痛苦的，莫过于天天免费加班……这种调侃反映的现象是：很多人是不喜欢加班的，更不喜欢免费加班。

那么，到底该不该加班呢？这取决于思考问题的角度。反对加班，有很多的理由，如加班太吃亏，有可能违反劳动法，对身体有坏处……但另一种现象是，那些优秀的“打工族”或“上班族”早就把“加班”当成了家常便饭。

福特汽车创始人亨利·福特在其回忆录《向前进》中写道：“如果你想永远做个雇员，那么下班的汽笛吹响了，你可以暂时忘掉手中的工作；如果你想继续前进，去开创一番事业，那么汽笛仅仅是你开始思考的信号。”这就是聚焦工作。

许多人对延长工作时间这项习惯不屑一顾，认为只要自己在上班时间提高效率，没有必要加班加点。实际上，延长工作时间的习惯对要求进步的职场人士来说非常重要。

作为一名优秀的职场人，你不仅要将本职的事务性工作处理得井井有条，还要应付其他突发事件，思考部门及公司的管理及发展规划等。有大量的事情不是在上班时间出现，也不是在上班时间可以解决的。这需要你根据公司的需要随时为公司工作。你不加班却不能阻止别人加班，如果你不加班，就意味着你比别人落后了。

况且，加班绝对可以提升自己在人们心中的职业形象，从而让你有更多的职业发展机会。尤其当领导的，大多对加班者情有独钟。领导不会认为“为什么别人都完成工作了，而你还需要加班”，领导会认为，你的工作量一定比别人的大，你的工作难度一定比别人的大，你的敬业精神一定比别人的好，只有这样负责任的员工才会主动来加班，再者，加班的人毕竟是少数，比平常更有机会跟领导进行一下工作汇报，也会使你的形象得到进一步提升。平常上班大家都在工作，领导不会重视，加班人少，领导对你的工作更会看在眼里，等到评优秀、评先进的时候，你就会自然地被列入考虑范围了。当然，加班不是作秀。如果经常加班而没有成果，迟早会被“扣”上“低能”或“虚伪”的帽子。

下班是工作的开始，但加班的形式不一而定。根据不同的事情，超额工作的方式也有不同。如为了完成一个计划，可以在公司加班；为了理清管理思路，可以在周末看书和思考；为了获取信息，可以在业余时间与朋友们联络。总之，你所做的这一切，可以使你在组织中更加称职。

每天多做一点工作也许会占用你的时间，但是，你的行为会给你赢得良好的声誉，这或许是你成功的开始。

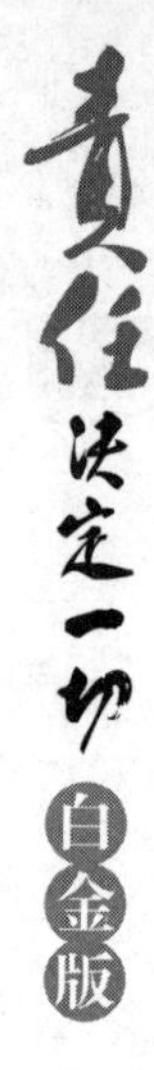

第二节 用心一点

一、用心就是全心全意

在我们周围，不乏这样的现象：同样的职业，有的人能做出令人啧啧称赞的工作成绩，有的人只是原地踏步。究其原因，不难发现，是否用心工作，成为影响其成功的主要因素之一。

一个小和尚每天撞一次钟，照他的理解，撞钟很简单，每个人都会。但半年下来，方丈却宣布调他到后院劈柴挑水，原因是他难司撞钟之职。小和尚不服气："难道我撞的钟不准时、不响亮？"方丈语重心长地说："你的钟撞得很响，但钟声空泛疲软，没有什么力量，因为你心中无'钟'。钟声不仅仅是寺里作息的讯号，更为重要的是要唤醒沉迷的芸芸众生，达到激浊扬清、心灵空明的境界。为此，钟声不仅要响亮，而且要圆润、浑厚、深沉、悠远。心中无'钟'，即胸中无佛。不虔诚，不敬业，怎能担当神圣的撞钟重任呢？"

"做一天和尚，撞一天钟"，其实在佛家的眼中并不是那样十分简单而毫无意义。不用心什么事也做不好。一个善于思考的人，才是一个力量无边的人。

古代有一位非常著名的书法家米芾，自幼喜欢书法，但苦于一直没有突破性的进展。一天，村里来了个书法很好的秀才，于是他跑去请教。秀才拿本字帖给他，并说："向我学写字，必须用我的纸。”米芾说：“一定照您的指示去做。”秀才说：“可是我的纸很贵，要五两银子一张。”由于纸张很贵，米芾只是用手指在桌面上来回照着写来写去，久久不肯下笔。秀才知道了，责问：“不写如何练书法？”米芾就非常用心地写下了一个字，结果写出来的字比字帖上的更有力量。秀才说：“过去你写字总是不能用心，这次因为纸张很贵，所以你就用心地去写，你突破了你自己。今后你定能成为大书法家。”用心与不用心，区别是很大的，幸亏秀才有办法，能让米芾用心，也为中国造就了一位大书法家。

所谓用心就是全心全意。阳光直接照射到纸上，纸不会燃烧；但阳光通过放大镜照射到纸上，纸就能燃烧。原因很简单，当阳光照在放大镜上时，放大镜把一定范围内的太阳平行光聚焦到一点上，也就是把一定范围内的能量聚集到一点上，众多的阳光聚集在一起所产生的热量能让纸达到燃烧点，因此纸会燃烧。这就是聚焦的力量。三心二意、胡思乱想又怎能聚焦？唯有全心全意，心无旁骛，才能“拧成一股绳”，集中力量，获得突破，到达成功的彼岸。

万科董事长王石52岁成功地登上了世界最高峰——海拔8848米的珠穆朗玛峰。在整个登山过程中，他的目标非常明确。在爬到4000米的时候，很多人跑去看晚霞，据说景色非常美丽，还喊他也一起去看，但王石拒绝了，他要保存体力用于登顶。王石特别喜欢照相，喜欢高山摄影，但这次别说专业设备了，就是傻瓜相机，他都很少用，他说要尽量减少额外的动作，把精力全部集中在登顶上。自始至终，他都在排除一切干扰，因为他最终的目标是要登顶。

在世事喧嚣、红尘滚滚中静下心来，专注于某一工作，不受其他欲望、诱惑的摆布，这是一件非常艰难的事，意味着有可能放弃

很多机会，意味着遭遇困难不会退缩。但是只有这样才能成就一番事业。

二、“用心”从“心”开始

“用心”应该从“心”开始。有句话说：努力只能做对事情，用心才能做好事情。这句话颇有几分道理。

鱼儿对水说：“你看不到我的眼泪，因为我在水里。”

水对鱼儿说：“我能感觉到你的眼泪，因为你在我的心里。”

那么怎样体现你的用心呢？那就要做到下面四个“心”。

1. 热心

让别人感觉到你的热心，别人才能真正体会到你在用心。

一个闷热的下午，一场暴雨即将来临。北星电信局长苗晓玉看到一位七十来岁的老人交完电话费后心神不安，就热情地上前询问。得知老人家中还晒着衣服，窗户也没有关，苗局长马上找来三轮车，叫来线务员，赶到老人家去帮忙。老人深受感动，此后逢人就说：“电信人真热心，用心服务真是到家了，以后我一定全力支持电信。”

2. 耐心

从一个人的耐心程度也可以感受到他是否在用心。当今的信息社会，各种欲望与成功的诱惑，让现代人目不暇接。不少人认为，人生苦短，没有时间去等待。于是，烦躁的心态、急功近利的想法常常让人焦虑不安。其实，在人生的征途上，我们需要用耐心去忍受和改变刚进社会时的无知与无人喝彩，用耐心去面对社会对你的熏陶和锤炼，用耐心去服务企业、顾客和其他需要服务的人。

祝强到这家公司以后，一直努力地工作，但两年来从未涨过一次薪水。凭着年轻人初生牛犊不怕虎的冲劲，他找到公司总裁。总裁耐心听完了他的要求后和蔼地说："我感觉到你是一个很用心也很上进的人，但加薪有加薪的条件和规则，你还需要再耐心等等。"

那以后，祝强工作更加用心和勤奋了，他想，"等待"的最后，一定有很好的回报。半年以后的一天，总裁把他叫到办公室说："这半年里我对你的表现十分满意，你很有耐心，确实很优秀，给你加薪20%，并提升你当主管，你愿意吗？"一瞬间，祝强的鼻子酸了——耐心终归有了丰厚的回报。

3. 细心

有一次，李明请三个朋友喝咖啡，咖啡店的生意非常好，连经理都出来亲自服务。为他们服务的就是经理，这位经理问他们几位喝什么？他们说喝咖啡。

过了一会儿，咖啡端上来了。李明一看只有三杯咖啡，还有一杯是牛奶，觉得这位经理怎么这么不用心，本来已经说得非常清楚要四杯咖啡的。李明正要提意见，只见经理附在朋友中的一个女孩子耳边嘀咕了几句，李明的朋友就马上转过身说："谢谢你啊！你怎么这么细心啊，怪不得你是经理。"

经理走后，李明很好奇地问这个朋友："怎么回事？"

她说："经理说怀孕的人喝咖啡不好，所以就擅自换了一杯牛奶，希望我不要介意。"

当我们能够把工作做到足够细致、细心、观察入微时，当然能赢得他人的尊重。

4. 尽心

做到用心还需要尽心尽力，把全部的能量都发挥出来，全力以赴把该做的工作做好，能挑千斤担不挑九百九，你有多大的能力，就要使出多大。对于工作要积极主动，是自觉的“我要干”，而不是被动的“要我干”。很多人做不好工作，就因为在碰到困难的时候打退堂鼓，找很多的理由和借口。这里要告诉大家，尽心是成为负责任的人的一种重要品格，尽心去做才能把工作做好。许多人能获得事业上的成功，就在于他们比别人多一份“尽心”。

富兰克林是举世闻名的政治家、外交家、科学家和作家。他的多方面才能令人惊叹：他四次当选为宾夕法尼亚州的州长；他制订出《新闻传播法》；他发明了口琴、摇椅、路灯、避雷针、两块镜片的眼镜、颗粒肥料；他发现了墨西哥湾的海流、人们呼出的气体的有害性、感冒的原因、电和放电的同一性；他设计了富兰克林式的火炉和夏天穿的白色亚麻服装。他向美国介绍了黄柳和高粱；他最先解释清楚北极光；他最先绘制出暴风雨推移图；他创造了换气法；他创造了商业广告；他最先组织消防厅；他首先组织道路清扫部；他是政治漫画的创始人；他是出租文库的创始人；他提议夏季作息时间；他是美国最早的警句家；他是美国第一流的新闻工作者，也是印刷工人；他是《简易英语祈祷书》的作者；他是英语发音的最先改革者；他还被称为近代牙科医术之父；他创立了美国的民主党；他创设了近代的邮信制度；他想出了广告用插图；他创立了议员的近代选举法；富兰克林的自传是世界上所有自传中最受欢迎的自传之一，仅在英国和美国就重印了数百版，现在仍被广泛阅读；他作为游泳选手也很有名……

诚然，像富兰克林这样在各方面都显示出卓越才能的人是极其少见的，可是这也足以说明这样一个道理——只要愿意，人无所不能。你若是能够尽心地进入积极状态，那么你就能做出意想不到的成绩。有关研究表明，你有什么样的行为跟你的能力无关，而是与你当时身心所处的状态有关。因此，你若是想改变自己做事的能力，就需要首先改变自己当时身心所处的状态。尽情地发挥你蕴藏的全部能力，不要让你的才能有丝毫的浪费，你便可以取得惊人的成就。

机会来自于主动，主动的人是聪明的人。永远要记住，主动精神是你最好的老师，在面对困难的时候，可以帮助你的是你自己的主动精神，而不是运气。

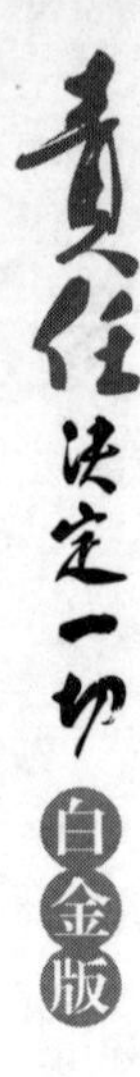

第三节　勤奋一点

胡锦涛提出的“八荣八耻”中“以辛勤劳动为荣，以好逸恶劳为耻”，就是教育人们要勤奋工作，不要懒惰。

一、懒惰，受伤的是自己

懒惰之人工作时虚度光阴，偷工减料，会伤害他的雇主，但受伤害更深的是他自己。一些人花费很多精力来逃避工作，却不愿花相同的精力努力完成工作。他们认为自己骗得过老板，其实，他们是在自欺欺人。勤奋的人相信笨鸟先飞、勤能补拙。而懒惰的人只相信运气、机缘、天命之类的东西。看到别人知识渊博：“天分好！”看到别人有钱：“运气好！”看到别人升迁：“机缘好！”可以肯定的是，运气、机缘、天命是不会落在懒惰的人身上的。

从前，在一个偏僻的小村庄里，住着一位农夫，他只有很小的一块田地，但是他非常珍惜，一直都很认真地耕种。有一年，他的收成很不好，到了春耕的时候只剩下一小袋种子，他视如珍宝。播种的当天，天刚一亮，他就从床上爬起来，来到了田里。

他十分小心，生怕遗失了每一粒种子。到了正午时分，太阳毒辣辣地烘烤着他的脊背，他感到很疲乏，便停下来在树旁休息。当他坐下的时候，一把种子突然从袋子里洒了出来，掉到了树干下的一个树洞里。虽然只是几粒种子，但这对农夫来讲却是宝贵的，丢失了一粒都是损失。

农夫心疼不已，他拿着铲子，开始挖这棵树的树根。天气越来越热，汗水沿着他的脊背和眉毛滴了下来，但他还是不停地挖。当他终于挖到种子时，发现它们掉在了一个被埋着的盒子上面。他捡起了种子，又顺便打开了那个盒子，在打开的那一刻，他惊呆了，原来盒子里装满了黄金，那些宝贝足够让他过完下半辈子。

从此以后，这个原本贫穷的农夫成了一个富有的人，当人们对他说："你真是世界上最幸运的人！"他却笑着说："不错，我是很幸运，但这些都源于我的辛勤劳作和对种子的珍惜。"

这是个简单的道理：哪怕是意外的报酬也源于平时辛勤的劳作。

生命的天平是公平的，一边是我们心里的欲望，另一边是我们为之付出的筹码。当天平平衡时，你可以得到你想要的，有时候代价似乎很高。但要记住，没有不劳而获。

二、没有天生的懒人

懒惰是一种心理上的厌倦情绪。它的表现形式多种多样，包括极端的懒散状态和轻微的犹豫不决。生气、羞怯、嫉妒、嫌恶等都会引起懒惰，使人无法按照自己的愿望进行活动。

没有天生的懒人，人总是期望有事可做。懒于工作的人如果不是因为病了，就是因为还没找到最喜爱的工作。有的人下班之后回到家，饭懒得做，但打起麻将来，到凌晨三四点也不累；有的小伙子上班时懒懒散散，在女朋友面前却殷勤得很；病中痊愈的人，总是盼望能起床，四处走动，回到工作岗位上做点事——任何事都可以。

所以，懒惰的根源之一是兴趣。如果我们对所做的事情有兴趣，我们便会乐此不疲；如果我们没兴趣，就一点也不想去做。所以，克服懒惰，或者准确地说，克服对做事的懒惰，需要我们培养兴趣，在做这件事的过程中，找到它的乐趣。

三、请君听我《明日歌》

懒惰之人的一个重要特征就是拖沓。把该完成的事情拖延敷衍到最后一刻，是一种很坏的工作习惯。人们都有这样的经历，清晨闹钟将你从睡梦中惊醒，想着自己所订的计划，同时却感受着被窝里的温暖，一边不断对自己说：该起床了，一边又不断地给自己寻找借口——再等一会儿，还有一点点时间。于是，在忐忑不安中，又躺了五分钟、十分钟……

克服懒惰就是克服拖拉。克服拖拉的良方：一是马上行动；二是定时完成。

当你开始着手做事的时候，你就会惊讶地发现，自己的处境会迅速地改变，因为拖延有时候也是由于考虑过多、犹豫不决造成的。往往在事情的开端，总是先有积极的想法，然后当头脑中冒出“我是不是可以……”这样的问题时，惰性就出现了，“战争”也就开始了。一旦开战，结果就难说了。所以，要在积极的想法一出现时，就马上行动，让惰性没有乘虚而入的可能。我们需要想尽一切办法不去拖延，在知道自己要做一件事的同时，立即动手，绝不给自己留一秒钟的思考余地。诸如早上起床这样的事是没必要作任何考虑的。千万不能让自己拉开和惰性开战的架势——对付惰性最好的办法就是根本不让惰性出现。

效率高的人往往有限时完成工作的观念，他们确定做每件事所需的时间，并且强迫自己在预期内完成。即使你的工作并没有严格的时间限制，也应该经常训练自己。当你发现自己能在短时间内做更多的事时，一定会惊讶不已！当你完成了任务，便宣告你与懒惰的斗争取得了胜利。我们都有这样的体会，读书时老师布置的作文，学生经常是十天半月不能完成，但考试时只有一个小时的作文时间，同学们往往都能在规定时间内完成。

珍惜时间就是珍惜生命。小时候我们读过的《明日歌》让我们受用一辈子。

明日复明日，明日何其多。
我生待明日，万事成蹉跎。
世人若被明日累，春去秋来老将至。
朝看水东流，暮看日西坠。
百年明日能几何？请君听我明日歌！

机会总是留给有准备的人，运气、机缘、天命是不会落在懒惰的人身上的。克服懒惰，需要我们培养做事的兴趣，让惰性没有乘虚而入的可能。

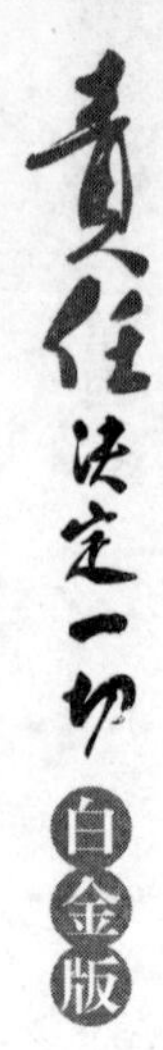

第四节　高效一点

现在不再仅仅是大鱼吃小鱼的时代了，组织面临的挑战更像是快鱼吃慢鱼——慢鱼会被吃掉，高效才能生存！同时，组织要快速发展，发展速度必须要快于竞争对手，其中，提高组织成员的工作效率是十分重要的。作为组织成员，高效工作是负责任的具体行为要求之一。

一、快鱼吃慢鱼

单位时间内完成定量的工作，就是工作效率。例如：规定标准工作量是一小时打100桶水，而你却在一小时内打了150桶水，你的工作效率是150%，超过标准值越多就越高效。

如果细心观察，我们很容易就会发现每个公司里都存在着这样的员工：他们每天看起来忙忙碌碌，但是，把本应一小时完成的工作变得需要半天的时间甚至更多。

老李家刚买的空调出了点毛病，老李找空调公司，公司说这归客户服务部管，但客服说最近很忙，没空，等有空通知老李，但一个星期没有电话。

老李再找他们，回答说有空会通知老李，但一个月过去了，没有音信。

老李再去找他们，得到的回答仍然是有空通知老李，但又一个月过去了，还是没有音信。

老李愤怒地上门找到他们的总经理，总经理说员工都很忙，实在是难抽时间。老李问顾客的问题难道就不解决了？总经理说，当然要解决啊。老李说，既然必须要解决，员工没空，你亲自办！

于是总经理去问经理，客户的问题能不能不解决？经理说，不能不解决。总经理就说，既然你的下属没空，你亲自办！

经理去问维修工，客户的问题能不解决吗？维修工说不能。经理说，既然客户的问题不能不解决，你就安排时间吧！维修工说，那只好加班了。当天下午5:00之前就把事情解决了，他好像也没加班。

我们要的是完成工作的结果，而不是完不成任务的原因。时间不够怎么办？只能想方设法提高效率。

人类文明源于生产力的提高，提高生产力的有效途径之一就是提高工作效率。在人类的发展史上人们为了提高工作效率，不断地实践，其中包括几次大规模的社会分工，发展至今，我们看到的企业生产的流水线操作方式，就是人们为提高工作效率最为典型的方法。

现在不再仅仅是大鱼吃小鱼的时代了，组织面临的挑战更像是快鱼吃慢鱼。组织要快速发展，发展速度必须要快于竞争对手，其中提高组织成员的工作效率是十分重要的。作为组织成员，高效工作是负责任的具体行为要求之一。

二、集中注意力

有学员问："我参加工作以后老是觉得自己的工作效率很低，经常当天的事情不能做完，然后就像滚雪球一样越积越多。另外，注意力很不集中，经常做一件事情被影响后就很难再进入状态。我的工作非常繁重，请问如何提高工作效率和集中注意力呢？"

我们曾经谈到过，集中注意力是训练"用心"的方法，同时它也是提高工作效率的秘诀之一，因为，注意力不集中是工作效率低下的一个重要原因。我们很多时候都不能集中注意力，但往往只有当注意力分散导致不能有效率的完成工作甚至发生错误的时候，我们才会意识到问题的存在。容易让人分心的环境、胡思乱想和情绪因素都会导致注意力不集中。你的思路就像一只跳来跳去的猴子，训练自己集中注意力就是要驯服这只大猴子。训练的方法很多，关键的几条很重要。

方法之一：下决心集中力量

这种方法的含义是什么？就是当你给自己设定了一个要自觉提高自身注意力和专心能力的目标时，就会发现，你在非常短的时间内，集中注意力这种能力有了迅速发展和变化。

要有一个目标，就是无论做任何事情，一旦进入，能够迅速地沉下心来，不受干扰。战场上，如果把兵力漫无目的地分散开，就会被敌人各个围歼，是败将所为。这与我们在学习、工作和事业中一样，如将自己的精力漫无目标地散漫一片，将永远是一个失败的人物。学会在需要的时候将自己的力量集中起来、注意力集中起来，是一个成功者的天才品质。培养这种品质的第一个方法，是要有这样的目标。

方法之二：运用兴趣的力量

铃木正一先生是日本著名的小提琴家。在铃木的音乐教室里，由母亲带来学琴的孩子，并不是一来就开始拿琴学习，恰恰相反，开始时他们根本就摸不到琴。初学阶段的孩子常常只能坐在旁边观看其他已学一段时间的小朋友拉琴。这样一来，他们的好奇心、好胜心就被开发出来，大有跃跃欲试的模样。但这时铃木仍不给他们琴，而是开始给他们听录音带，偶尔拿出几把拉不出音的破琴，教他们拉琴的基本姿势，就这样又过了几个月，那些孩子渴望学琴的兴趣就更浓厚了。铃木认为把孩子学琴的兴趣培养到高峰阶段，使他们像一把蓄势待发的箭时，才是他们学琴的最佳时刻。

兴趣是最好的老师，而且兴趣也是可以后天培养的。有了兴趣才能自动自发，才能集中注意力，才能提高效率。我们经常赞扬的那些大科学家、大思想家、大文学家、大政治家、大军事家无一不是对自己所从事的事业毕生追求的。

方法之三：采取积极有效的暗示

千万不要受自己和他人的不良暗示的影响。不要对自己和别人说，自己的注意力不集中。相反，经常鼓励自己："我的注意力很集中。"

回答几个经典的问题有助于集中注意力于当前的工作。什么是生命中最珍贵的？是现在拥有的。谁是你生命中最重要的人？你身边的、你正面对的这个人。什么是最重要的事情？现在正在做的事情。告诉自己："现在做的这个事情最重要"，这就是积极有效的暗示。

你也可以请身边的人帮忙，当你注意力不集中的时候，他们可以提醒你："你好像分心了！"

对于绝大多数人，只要你有这个自信心，相信自己可以具备迅速提高注意力集中的能力，能够掌握专心这样一种方法，你就能具备这种素质。我们都是正常人、健康人，只要我们下定决心，排除干扰，肯定能做到注意力的高度集中。

方法之四：排除外界干扰

睡眠不足、过度疲劳、环境嘈杂等因素都会影响到注意力集中。要有意识地训练排除干扰的能力。当你受到外界影响时，可以停下来深呼吸几次，让自己先平静下来，再想想注意力的重要性和你的决心，然后告诉自己，此刻正是锻炼注意力的好时机。

毛泽东在年轻的时候为了训练注意力集中的能力，曾经给自己立下这样一个训练科目，到城门洞里、车水马龙之处读书。为了什么？就是为了训练自己的抗干扰能力。一些优秀的军事家在炮火连天的情况下，依然能够非常沉着地、注意力高度集中地在指挥中心制订战略战术。这种抗拒环境干扰的能力，是经过长期、有意识地训练得来的。

三、列出计划表

所谓计划管理，是我们必须把我们的工作内容计划好，按照远近高低、轻重缓急去做。什么事情耗费脑力，什么事情需要思维的清晰度，什么事情是重复劳动等等。这些都需要计划安排，逐步实现。

事先做好计划表可以帮助你理清要做的事。

以一天的计划表来说，首先列出你必须做的事，这些是你今天的首要工作。然后再列出应该做的事，以及可以做但并不急于一时的事。然后评估各项工作所需的时间，再决定如何把时间分配到这些工作上。记住，应该把最重要的事情放在一天中状态最好的时间内去做。

一天的时间规划完成后，可以延伸成一周的计划，决定一周内最重要及必须做的事。每天要确认进程是否照计划进行。

知道计划何时开始，就开始列进度，但不要让做计划的时间取代了执行的时间。

四、不要瞎忙乎

现在的职场中人，尤其是所谓的成功人士，“忙”成为一种普遍现象。现在打电话给别人，问“忙吗？”回答十之八九是

“忙！”甚至是“忙死了！”有的是忙完白天忙晚上，为“白加黑”；忙完五天忙周末，为“五加二”。但如果“忙”而无“功”，就是效率低下。

某公司职员小郑做事认真，兢兢业业、勤勤恳恳。每天一进公司就忙个不停，一会儿干这，一会儿干那，忙得晕头转向，而且从不迟到早退，还常常主动留下来加班，工作到很晚才回家。和他一起进公司的小刘，虽然和小郑做的是同样的工作，但干得有条不紊，看起来轻松自如的样子。到了月底统计工作量的时候，小刘的工作绩效比小郑高得多，自然，小刘的收入也比小郑高得多。这让小郑的心理着实有些不平衡。

每天忙忙碌碌，却总是劳而无功；感觉付出很多，却总是得不到回报；累的跟拉磨的驴一样，到工作总结时却说不出自己做出了哪些成绩。像小郑这样的现象实在是太普遍了，不是自己工作不努力，而是“瞎忙”。正像在球场上打球一样，不管你跑得多么卖力，打得多么积极，但不进球都是等于零，进球才是硬道理，不进球都是“瞎忙”。

忙是一种工作状态。忙没有错，但是否忙得有效、忙得值得，却需要学会分析。忙公文，还要看公文有没有意义；忙开会，还要看会议是不是解决问题；忙接待，还要看接待有没有必要；忙应酬，还要看什么性质的应酬。官僚主义、形式主义都可能把人支得团团转，每天忙忙碌碌，紧紧张张，总也没闲着，自觉做了不少，但实际上，这样的忙，多半是日计有余，岁计不足，盘点一下，到底干了什么实事，出了什么成果，连自己也不一定满意。这种没有成效的忙，只能是白忙、瞎忙、空忙。

忙要忙到点上。这个点，就是抓落实、办实事、解难题。国家干部忙，要保增长、保民生、保稳定，要完成各项艰巨繁重的目标

任务；企业员工忙，要提高业绩促企业发展。

“瞎忙”对自己、对组织都是一种浪费。对自己而言，生命是由分分秒秒、时时刻刻组成的，生命的价值是由每一个有价值的瞬间积累起来的。当你在忙忙碌碌的分分秒秒里，却没有取得相应的价值，这不是在浪费生命、使生命毫无价值吗？对企业而言，一个忙忙碌碌而没有绩效的员工，他不仅耗费了企业的资源，而且贻误了企业的工作计划，甚至有时候由于手忙脚乱、顾此失彼还会出现一些纰漏，这不是一种极大的浪费吗？

李连杰17岁夺得全国武术冠军。记者问他：“你是不是练得最苦的那个？”他答道：“不是，绝对不是。每天练(打沙袋)几千下的那些人没有成为冠军。要靠这个(他指指脑袋)。”

其实，职场上也一样。在过去，要成功，只需做到Work hard(努力工作)，而在21世纪，要成功，需做到Work smart(聪明工作)！愿每个人都能学会聪明工作的方法，忙出成效，创造自己的精彩人生！

在职场上，高效工作是负责的具体行为要求之一。

第五节 合作一点

一、合作就是力量

合作与团结两个概念相比较，前者强调协作配合，后者强调看法一致、和睦友好。

“团结就是力量”没有错，但在企业里，员工之间即使不能做到团结，也要做到合作，“合作就是力量”是为了强调合作共赢。

蜜獾和导蜜鸟是一对好伙伴，它们常常相互合作，共同捣毁蜂巢。野蜂常把巢筑在高高的树上，蜜獾不容易找到它。目光敏锐的导蜜鸟发现了树上的蜂巢后，去寻找蜜獾。为了引起蜜獾的注意，导蜜鸟往往扇动着翅膀，做出特殊的动作，并发出“嗒嗒”的声音，蜜獾得到信号，便匆匆赶来，爬上树，咬碎蜂巢，赶走野蜂，吃掉蜂蜜。导蜜鸟站在一旁，等蜜獾美餐一顿后，再去独自享用蜂房里的蜂蜡。

海葵虾和红海葵也合作得很好。海葵虾的两只大螯各自夹着一只红海葵，整天东游西荡。一旦遇到危险，海葵虾立即提起红海葵，红海葵便用有毒的触手对付来犯者。这样，海葵虾可以到处觅食，不必为安全担忧；而红海葵只要收集海葵虾吃剩的食物就足以饱腹了。

鳄鱼和燕千鸟的互惠互利更为有趣。燕千鸟不但在凶猛的鳄鱼身上寻找小虫吃，还进入鳄鱼的口腔中，啄食残留的鱼、蚌、蛙的肉屑和寄生在里面的水蛭，帮助鳄鱼清洁口腔。有时鳄鱼把大口一闭，燕千鸟就被关在里边。然而你不必为燕千鸟担心，只要燕千鸟轻轻用喙击打鳄鱼的上下颚，鳄鱼就会张开大嘴，让燕千鸟飞出来。

动物尚能懂得合作，作为人类更加需要合作。一个个体的成功永远需要得到团队的支持，因为“人是社会的人”。在团队中，任何个体的价值都需要其他成员的鼎力支持，同时，一个团队的价值也体现了每个成员的价值。是否具有合作意识已经成为一个人能否在团队中做出成绩的先决条件。

很多企业在招聘销售员时都严格要求被录用者具备独立开拓市场的能力。但实际情况是，没有强大的团队作支撑，再有能力的销售员在前线也感觉孤立无援。销售员要在前线做出成绩，就需要促销、物流配送、财务结算、产品研发、包装设计等等企业各个方面的配合，其中任何一环出了问题都会影响到自己的销售。如果自己不依靠团队可以获得50%的成功，那么通过团队的合作，肯定可以获得至少80%的成功。

业绩好的销售人员一般在公司里面都有良好的人缘。大家都愿意跟他交流，他让其他同事或者部门配合办理的事情都可以在第一时间得到帮助；同时，其他同事、部门、上司交给他的事情，他也会认真地执行。

而业绩较差的销售人员一般在公司的人缘都比较差。同事们不喜欢他，他交代的事情也是被一拖再拖；同时，别人交代给他的事情他也总是找各种理由搪塞，要他提交的各种材料几乎都不能准时。

在生活中，你觉得结交不到可以信任的朋友；在工作上，似乎别的同事都在有意地孤立你；在事业上，你有天才想法却无人应和……那么很可能你忽略了赢得成功非常重要的一点：与人合作的能力。

现如今的共赢社会，我们不再需要自私的人，需要的是有着团队合作精神的人，人多力量大，人多总会有着许许多多的做事优势。因此，要远离单枪匹马，尤其当你要成就一番大事业时。

人类不乏因合作而成功的经典案例，伟人的合作更让后人津津乐道。学习伟人，成就伟业，合作助你成功！

马克思与恩格斯这两位革命巨人之间的友谊，是世界上的任何友谊都无法比拟的。马克思对恩格斯的才能十分敬佩，说自己总是踏着恩格斯的脚印走。而恩格斯总是认为马克思的才能要超过自己，在他们的共同事业中，马克思是第一提琴手，而自己是第二提琴手。《资本论》这部经典著作的写作及出版，就是他们伟大友谊的结晶。

1848年大革命失败后，恩格斯不得不回到曼彻斯特营业所，从事商务活动。这使恩格斯十分懊恼，他曾不止一次地把它称作是“该死的生意经”，并且不止一次地下决心：永远摆脱这些事，去干他喜爱的政治活动和科学研究。然而，当恩格斯想到：被迫流亡英国伦敦的马克思一家经常以面包和土豆充饥，过着贫困的生活时，他就抛开弃商念头，咬紧牙关，坚持下去，并取得了成功。这样做，为的是能在物质上帮助马克思，从而使朋友，也使共产主义运动最优秀的思想家得以生存，使《资本论》早日写成并得以出版。

于是，每个月，有时甚至是每个星期，都有一张张一英镑、二英镑、五英镑或十英镑的汇票从曼彻斯特寄往伦敦。1864年，恩格斯成为曼彻斯特欧门——恩格斯公司的合伙人，开始对马克思大力援助。几年后，他把公司合伙股权卖出，每年赠给马克思350英镑。

从马克思来说，也正是为了对刚刚兴起的科学社会主义进行有效地指导，为了揭露资本主义的根本缺陷，才接受了恩格斯的这种帮助。

马克思和恩格斯是亲密无间的朋友，他们所有的一切，无论是金钱或是学问，都是不分彼此的。

二、散沙变拳头

从小我们就经常听到，中国虽大，但旧中国却是“一盘散沙”。设想一下，那时中国有多少人，“鬼子”才多少人，果能同仇敌忾，即便是以肉相搏，子弹有数而中国人无数，也未必不能“来一个杀一个，来两个杀一双”。

好在“一盘散沙”的局面有了改变。2002年5月8日，五名不明身份者欲从正门强行冲进日领馆。我执勤武警对其采取了阻止措施，但仍有二人闯入领馆。我武警战士在得到该馆一位副领事的同意后，入馆将二人带出。其后，该馆一位领事向中方了解情况，同意中国公安人员将上述五人全部带走，并对武警战士表示感谢。就这么件小事传到了日本国内却变成了“中国警察未经许可强行侵犯日本领事馆”，顿时掀起一阵反华情绪。一份日本报纸更宣称：“要在几十年前，这意味着战争！”回顾几十年前“九一八”、“一·二八”和“七七”事变，就可以知道日本人所言非虚：那些“事变”即战争的导火索哪次不是在现在某些人看来可能是微不足道的“小事”？不是说丢了个人，就是说怀疑有人黑夜里放枪，接着立刻升级成战争。狼要吃羊需要理由吗？侵略需要借口吗？“说你错，你就错，不错也错。”如果中国还是“几十年前”那样的一盘散沙，那“沈阳武警”事件肯定就是一个新的“九一八”。为什么这次日本人只敢嚷嚷不敢打了？非不为也，实不能也。归根到底是因为中国成了一个拳头，不再是“一盘散沙”！

北京奥运会前夕，韩国中央日报发表了题为“我看北京的‘安全’奥运”的文章称：中国人不再是一盘散沙，奥运之后中国将正式跃升为国际性大国。韩国中央日报的文章代表了全世界对中国的普遍看法。

“奥运会之前发生的暴雪、洪水、列车事故、大地震等大型恶劣灾害使得中国对安全更为敏感。”

“每当重大问题发生时，国家领导人都能积极投入到大众中去。无数的志愿者和为了慰问四川地震死难同胞的六十六亿美元的捐款让中国人自己都大吃一惊，中国人不再是孙中山先生所叹息的一盘散沙。为了‘有朋自远方来’，中国人正以这样的自豪感，通过练习微笑来迎接奥运会的到来。”

“最近美国舆论调查机构Pew研究中心调查结果显示，有86%的中国人对国家政策持赞同态度，这也是中国新的动力。”

北京奥运会闭幕式上，国际奥委会主席罗格致辞说，这是一届真正的无与伦比的奥运会。锻造这个“无与伦比”的，是一诺千金的责任——办一届“有特色、高水平”的奥运会。责任、融和、开放的北京奥运会向全世界展示了全新的中国形象。负责任的中国人已经从“散沙精神”走向“拳头精神”，这一改变，将引领中国人不断展示中国力量，创造中国辉煌；这种“拳头精神”也将是任何一个组织发展、壮大的动力保障。

三、众人划桨开大船

组织是一艘大船，每个成员都是这艘船上的水手，众人划桨才能开大船，因此我们每个成员的素质、能力、人品以及奉献意识、团队精神是这艘大船能否扬帆出海、乘风破浪、披荆斩棘、勇往直前的关键；同时，只有这艘大船在各种风浪面前经受得住考验，船上的水手才有安全、进步和发展。所以，开动这艘大船，是我们每

个成员共同的愿望和目标；而要实现这个愿望和目标，就必须在组织中加强团队建设，提高组织凝聚力。

合作力就是竞争力。组织只有建立群体共识，才能达到更高的工作效率。特别是在遇到大型项目时，想凭借一己之力去取得卓越的成果，是不可能的。单打独斗的时代已经结束了，取而代之的是团队合作！

尺有所短，寸有所长。曾有位博士生在企业待了一年后，颇有感慨地对朋友说："在这个竞争的社会里，什么人都不能忽视。"的确，在一个大集体里，干好一项工作，占主导地位的往往不是一个人的能力，特别是在程序化、标准化极强的行业里，每个人只能完成一部分的工作，不可能独自承担一个项目。所以在一个大集体中，各成员间的团结协作配合就显得尤为重要，团队合作在很大程度上关系着组织发展的命脉，无法想象，一个只会自己工作，平时独来独往的人能给组织带来什么。每一个组织成员都要乐于与他人合作。

要信任你的伙伴、多为他人着想、愿意多付出，团结大家就是提升自己。

俗话说："一个篱笆三个桩，一个好汉三个帮。"一个具有强烈团队合作意识的企业就具有最强的凝聚力、战斗力，是不可战胜的。合作铸就成功，合作成就辉煌。

第六节 理性一点

一、不要带着情绪解决问题

说到不带着情绪处理问题，很多职场中人或许感觉很难做到。明明是对方的不对，为什么偏偏让我容忍他呢？

其实，在我们的工作中，同事之间、领导之间，难免会有冲突或不愉快的事发生，如不懂得自控，冲突愈演愈烈，不仅会影响工作、伤害感情，而且自己的形象在他人心中也会大打折扣。特别是对老板不满时，要试图寻求一种积极的态度去处理问题，要体现出自己对工作认真负责的态度，要用行动和事实证明你与老板的不同意见是值得重视的，这样老板才会更加器重你、欣赏你。即使自己是对的，也要选择合理的途径解决冲突。

在职业生涯中，谁都希望得到提拔、加薪、重用的机会，可是，如果这次提拔没有自己的份儿，而这已经是无法改变的现实，怎么办？

与你一起来的同事小王被提拔了，你可能会愤愤不平：他有什么能耐，不就是会拍马屁吗？上司真是有眼无珠！于是，你从此消极怠工，得过且过，该干的也不干了，业绩越来越差，整天一脸怨气，牢骚满腹，一副怀才不遇的痛苦状。几个月之后，你就像换了一个人似的，大家看到你这个样子心里想：幸亏没有提拔他，看来这个人真是不行。于是你的所作所为让大家终于找到了上司不提拔你的理由，你用自己的行动证明了上司的决策是多

么的英明和正确！

假如我们换一种情绪，用积极的情绪来对待会怎么样呢？这次提拔没有自己的份儿，说明自己还有很多不足，你可以恳切地征求上司、同事的意见和建议，然后，给自己制订出积极的改善计划。这样，你的心情更阳光了，你的工作更积极主动了，业绩越来越好了，同事关系越来越融洽了。看到你出色的工作表现和业绩，领导不由感慨：如此出色而有责任心的人才真是难得啊！有一天，上司找到你说："上次我们没有提拔你，不是因为你不优秀，实在是暂时没有合适的岗位，你能够正确对待，说明你是一个可以担当大任的人才，确实令我很感动。市场部的王经理被提升当了副总经理，市场部经理就由你接任。"这时候，你可别忘了谦虚一下并表个决心："感谢领导培养，我一定会好好干的，绝不辜负领导的期望！"

二、压力就是动力

"人没压力轻飘飘，井没压力不喷油。"这是20世纪70年代末一部描写石油工人的电影《创业》里主人公周挺山的一句台词，也是许多成功人士几十年工作经验的总结。如果没有压力驱动，哪怕地下有再多的石油，也无法升到地面。正是因为有了压力，才使得"石油工人一声吼，地球也要抖三抖。石油工人干劲大，天大困难也不怕"。所以说压力就是动力。

人是需要有压力的，当一个人没有压力时，他就会四肢乏力、精神萎靡，处于一种漂浮的状态。"轻飘飘"的人是做不好工作的。要做好工作，必须不断给自己加压。

在一个动物园里，一只猎狗独自溜达，看着那些昔日自己一看见就魂飞胆丧的动物如今都被关在笼子里，无论如何也奈何不了自己了，不禁洋洋得意起来。

它来到老虎的笼子上面，心想：这可是森林之王啊，如今却也被困在这里。它想得入了神，一不留神掉进了老虎笼子里，围观的人都以为猎狗死定了，猎狗也绝望地叫起来。

既然无法逃脱，猎狗恨恨地想：反正也是死，就和它拼了吧。于是龇牙咧嘴向老虎示威。出人意料的事发生了，人们看到的是威风凛凛的猎狗，步步紧逼，不可一世；而昔日凶猛的老虎却是一味退缩，流露出恐惧的神情，雄风不再。

如果没有压力，你的能力就会退化，没有能力，你当然会被淘汰。日本的终身雇佣制度曾被称为战后日本经济成功的“三大神器”之一，但随着日本经济的几次上下波动，尤其是泡沫经济带来了经济大萧条之后，人们对待终身雇佣制的态度急转直下，对它进行了彻头彻尾的否定，尽管这样的全盘否定有些偏颇，但不争的事实是，不给压力的做法是不科学，也是不可取的。所以优秀的领导人善于给下属压力，给下属制造危机感。《华为的冬天》这篇文章提醒华为的员工“现在是春天，但冬天的脚步已经近了”，就是告诫员工无论你处在多么优越的境况下，即便是衣食无忧，你也应该时刻为弹尽粮绝的那一天做好准备。

三、驾驭你的情绪

一位哲学家说过：“不善于驾驭自己情绪的人总会有所失。”良好的情绪可以成为事业和生活的动力，而恶劣的情绪则会对身心健康产生破坏作用。在情绪易于剧烈波动的时刻，保持清醒的头脑，严防偏激情绪的爆发，乃是明智的良策。人的情绪和其他一切心理过程一样，是受大脑皮层的调节和控制的，这就决定了人能够有意识地控制和调节自身情绪，可以理智驾驭情绪，做情绪的主人。

人生没有一帆风顺的。尽管可能谁都知道这个道理，但并不是谁都能在遇到不顺的时候很好地化解问题，许多人更是把发脾气当成发泄。而恰恰是这一点使他错失了解决问题的最佳时机，还会给人留下一个浮躁、懦弱的不良印象。想想看，作为一个职场人士，在遇到问题时，首先想到的不是尽快想办法解决问题，弥补损失，而是追究别人的责任，甚至将对方骂个狗血喷头，那他不但解决不了问题，还会给上司留下推卸责任的印象，给下属留下无能的印象。因此，首先学会控制自己的情绪，是职场人树立形象的必备条件。一个“泰山崩于前而色不变”的管理者，更会赢得他人的信赖。

曾经担任美国陆军部长的斯坦顿，早年做过林肯的战地机要秘书，一天，他气呼呼地告诉林肯，说一位少将用侮辱的话指责他偏袒一些人。

林肯听了也很生气，于是建议斯坦顿写一封内容尖刻的信回敬那家伙，他甚至说：“可以狠狠地骂他一顿。”斯坦顿马上写了一封措辞强硬的信拿给林肯看，林肯看后高声叫好。但是当斯坦顿把信收好时，林肯问他干什么去，他回答说：“寄出去呀。”林肯大声说：“千万不要胡闹，这信不能寄，快把它扔到炉子里。凡是生气时写的信我都这么处理。你写这封信时，已经解气了，现在感觉好多了吧？那就把它扔掉，再写第二封吧。”

要想解决问题，就要先控制好自己。在日常工作中，人总会有受到不公正待遇的时候，在造成自己的困扰时，首先要在心理上建立克制的意识，把不满的情绪用积极的思考来转移，反击回去或发泄给别人都会有失风度，林肯这种解气的方法堪称一绝。

据最近的科研发现，恶劣情绪和细菌病毒一样具有传染性，而且传染起来很快，少则几分钟就能完成。美国洛杉矶大学医学院的心理学家加利·斯梅尔经过长期研究发现，本来心情舒畅、开朗的人，若与一个成天愁眉苦脸、抑郁难解的人相处，不久也会变得情绪沮丧起来。一个人的敏感性和同情心越强，越容易感染上坏情绪，并且这种传染过程是在不知不觉中完成的。

不良情绪往往干扰了人的正常思维，引起体内的生理机能变化，出现植物神经功能紊乱、内分泌活动失调和免疫功能下降。黄州鄱大临曾言："秋来景物，件件是佳句。"有年重阳节，窗外风雨交加，欣然提笔，当他刚咏出"满城风雨近重阳"时，忽催租人上门，于是意兴索然，刚才还在头脑中盘旋的诗意，顿时消失得一干二净，结果，这首诗就只留下了这么一句。

不良情绪的产生有其内源性和外源性，要阻止不良情绪蔓延，关键在于正己。即加强个人的修养，提高心理素质，以增强对不良情绪的免疫力。重要的是要做到心胸开阔，不以物喜，不以己悲，笑对人生，荣辱不惊。自己无不良情绪，也就不会造成对别人的感染。当然，对别人的不幸和悲伤，一定的同情心是需要的，但更需要的是劝慰和帮其解脱，而不需要你一齐陷入感情的漩涡。

人总是有情绪的。学会驾驭复杂多变的情绪，最好的办法是给这股"流水"建筑一个"闸门"，调节"水情"，控制"水势"，趋利避害，保持正常健康的情绪，避免恶劣情绪的困扰。

用积极的情绪去处理工作中所遇到的问题，将快乐的钥匙掌握在自己手中。

第五章

令行禁止　保障责任

——责任规范的建立

第一节　无规矩不成方圆

一、有“圈”才有安全

《西游记》的“三打白骨精”中有一段戏说：唐僧师徒四人到了一个地方，饥肠辘辘，猪八戒嚷着肚子饿了。于是，唐僧叫孙悟空去找吃的，顺便探探路。孙悟空担心有妖怪，让他们坐在一起，用金箍棒在地上画了一个圈，并告诫他们千万不要出这个圈……这个圈就是规矩，就是纪律。

我们都生活在社会和群体中，每个人都在一定的范围内生活，需要有一些规矩来约束共同行为。从大的方面讲，叫法律；从小的方面说，叫规章制度。

我们每个人从小到大，老师和家长几乎每时每刻都在耳边强调“上课要遵守课堂纪律”、“下课要按时回家”、“不准这样”、“不准那样”等等，纪律不仅仅存在于校园当中，任何一个场所，都有它特定的规则。

一位新入伍战士的母亲来到部队探望儿子。吃午饭时，小战士被允许陪母亲在营部的宿舍里吃饭。他们用餐期间，班长一会儿到宿舍拿东西，一会儿放东西，出出进进好几趟。每进来一次，小战士就会立即从座位上站起，行个军礼说：“班长，好！”班长出去一次，小战士又会迅速放下饭碗，站起来，行个军礼说：“班长，好！”

就这样，班长来来回回、出出进进数趟，小战士就不厌其烦地站起来数次，并一边行军礼，一边说："班长，好！"一旁的母亲看了很诧异，询问儿子："为何每次都得这样？"儿子认真地说："这就是部队的纪律。"

置一把沙于纸上，微微震动纸的边缘，沙子便会流散开来。如果在纸上涂一层胶，再置沙于纸上，则粒粒皆安分地粘在上面。如果把车辆行人比作沙，道路比作纸，那么交通规则便是胶，它使车辆和行人各行其道，互不干扰。

社会的稳定离不开规矩，有了规矩社会才能正常运转。试想，如果社会没有了规矩，工厂还能有序地生产吗？交通秩序还能维持吗？教育还能进行吗？长此以往，社会将面临严重的稳定和发展问题，一切美好的蓝图都将化为泡影。

我们呼唤遵守规矩，重新将规则定位到我们个人的身上，在规矩的范围内寻求个人和集体的发展。没有规则，我们将没有安全，没有发展的机会与平台，更谈不上什么成功。纪律是约束人的行为的，但纪律同时又是我们个人的保护神。纪律就像是牵扯风筝的细线，由于细线的存在，风筝虽然有一定的高度限制，但可以自由地飞翔，安全地降落；如果细线断了，即使风筝可以穿过云层，最终也会被风吹落在地。因此，纪律不应该成为人的负担。一个人如果能在纪律的框架内检点、约束自己的行为，就会获得纪律所提供的自由的空间和成长的平台，使我们离成功越来越近。

二、"潜规则"不可取

在一些人眼里，按"潜规则"办事，似乎是一种机智、一种"能力"。人们常说的一句话是：规则是死的，人是活的。还有一句话叫"与政策赛跑"。个人行为遇到规则"黄线"的时候，有的人常常不是规范自己的行为，而是习惯去找关系"通融"，用金钱"摆平"，借权力"放行"。而一个执掌规则的人，如果学会网开一面、下不为例、特事特办、法外施恩，才被认为“会处事”、“会做人”。而真正讲原则、守规矩的人，却被讥为死板、迂腐，没有开拓精神。于是，在有些人心里，规则可以灵活掌握，法律富有弹性，秩序可以随意调整。

在德国人的眼里，循规蹈矩、一丝不苟是轻松的活法，而凡事无章可循才使人疲惫不堪，自由必须有所约束。所以德国人看起来似乎有些“死板”。

游客在柏林参观夏洛特王宫时，会听到下面这个真实的故事：1917年，德国斯巴达克同盟(德共的前身)在柏林发动十一月革命时，起义者在王宫门前奋勇冲锋，伤亡惨重，可就是无一人会越过草地去进行两侧的进攻。原因何在？因为当时草地上竖立着一个小小的牌子，上面写着四个字：“禁止穿行。”即使是在革命时期也不忘“守法”！

当正义的制度成为习惯，人们不会感到太多的恐惧和不安，而是感到自由与和谐。换个说法就是，合理的规则和对规则的集体信任构筑起了人间的天堂。平心而论，这应该是人类通约性的认识。

英国人守规矩的习惯，是从孩提时代就开始训练的，因为他们全面领会了著名思想家和教育家洛克的谆谆教导：“我们幼小时所得的印象，哪怕极微极小，小到几乎觉察不出，都有极重大、极长久的影响；正如江河的源泉一样，水性很柔，一点点人力便可以把它导入他途，使河流的方向根本改变，从根源上这么引导一下，河流就有不同的趋向，最后流到十分遥远的地方去了。”英国最有名的公德可能首推排队，甚至可以说凡是有英国人在的地方，就有排队的现象，对不排队行为的处罚也是很“残暴”的。

几百年前，英国发生了一次大饥荒，有关机构向难民发放赈灾粮，大家都在排队，突然有一位男子跑到前面插队，众人劝说无效，几位大汉围上去三拳两脚将其打死。法官在听取了汇报后，做出了一个惊人的判决，打死这种不排队的人无罪。西方人都对这个案例记忆深刻，从此严格遵守有序排队的规则，并教育子女，即使饿得要死也要排队。

美国人的规矩意识也不相上下，哪怕州长在规矩面前也可能会很“狼狈”。

加利福尼亚州前州长施瓦辛格有抽雪茄的嗜好，可法律禁止在公共场所吸烟，他无权在办公室“过把瘾”，最后他被逼得在州政府的草地上支起帐篷，钻到里面才能吞云吐雾。

德国人“死板”，英国人“残暴”，美国人“狼狈”，相比之下，中国人“灵活”多了。有这样一则笑话：一个人和他的女朋友逛街，看到红灯便闯了过去。女朋友说，你连红灯都敢闯，什么违法的事不敢做，就跟他分手了。他又结识了一个女友，逛街时，看见了红灯，便老老实实地等，女友不高兴了，说你连红灯都不敢闯，还能干什么事？这虽是一则笑话，却道出了一个事实，就是一些人对法律、规则的漠视。事实上，在我们身边，规则意识缺失的现象随处可见。小到闯红灯、轧黄线、随地吐痰、乱丢垃圾，大到随意违约、坑蒙拐骗、行贿受贿。对这些现象，有的人似乎已是习以为常，甚至还把这种违规违法的行为归纳为“潜规则”。

正是由于我们的规则意识差，出国的同胞常因“入他乡而不随俗”受人鄙夷。即便在国内，不讲规矩照样累及社会：公共场合的排队，似乎西方人固守的“先来后到”的观念我们国人佯装不知，插队者说声“有急事”已算有礼貌，真要是说句“就不排队怎么着？”倒使文明人颇显尴尬了。再论交通规则的遵守，从一个说法中就可见一斑：“开车的没有不骂人的。”据媒体报道，2002年，包头发生大堵塞，愣是让一个警察急得“咕咚”跪下向司机求救，其场面如此“感人”以至于奇迹真的出现了。事后有些人还对该警察的举动说长道短，也不想想人家为什么如此豁得出去……

然而，用规矩约束行为、规范管理，是现代社会及其组织的基本特征。社会越发展、越进步，就越需要规矩。规矩之于社会，就像阳光空气之于人，须臾不可或缺。假如没有规矩，大到国家，小到单位、家庭，都会陷入混乱。有报道称，某集团军为了加强领导机关作风建设，先后出台了《军旅团三级主官约法六章》、《领导机关简化接待陪同硬性规定》等九项制度措施，对领导机关不按程序办事等三十余种乱作为或不作为现象，追究责任。他们的经验告诉我们：按规矩办事，是改进作风的关键。

大家都守规矩，社会才能和谐；人人都按规矩办事，单位才能秩序良好，风清气正。如果有规矩而不遵守，规矩就会变成聋子的耳朵——多余的摆设，这比没有规矩还要坏。每一个组织成员，都要着力培养自己的规则意识，良好的规矩环境是构建核心组织的重要基础。

一个团结协作、富有战斗力和进取心的组织，必定是一个有纪律的组织。同样，一个积极主动、忠诚敬业的人，也必定是一个具有强烈组织纪律观念的人。可以说，纪律，永远是忠诚、敬业、创造力和团队精神的基础。

每个人都应该为自己画一些圈，养成自己遵守纪律的良好习惯。可以说，我们每个人只有尊重客观规律，遵守规矩，充分发挥主观能动性，才能达成自己预定的目标，并在奋斗中磨炼自己的意志，不断充实和提高自己，让个人的潜力得到最大的发挥。

三、创新勿忘规则

我们强调无规矩不成方圆，但并不等于倡导墨守成规。只有在规矩允许的范围下，进行适度的创新，方能打开智慧的大门，通向成功的彼岸，获得事业的成功。倘若一个人安于平庸，甘于落后，被陈旧的规矩缚手缚脚，画地为牢而不自知，那么他将失去向上的动力，失去开创美好明天的热情，等待他的结果只有被淘汰。试想，如果一味循规蹈矩而不敢创新，爱因斯坦怎么能创作出《相对论》，从而一举打破牛顿的经典力学，促进自然科学的发展？相反，正是因为缺乏创新，不敢突破“规矩”，照搬书本上的教条主义，才造成王明“左”倾错误的出现，以致差点断送了中国革命的前程。由此可见，只讲规矩不敢创新，其危害大矣。

因此，我们提倡在遵守规矩的基础上创新，摒弃墨守成规的思想，打破陈规陋习的束缚，在规矩允许的前提下大胆追求利益最大化。同时，在创新的道路上我们要有吃苦耐劳、坚持不懈的精神，只有这样才能让我们拥有坚强的精神后盾与不畏艰险的力量源泉。

但是我们在创新的时候，仍然不能突破应有的规则，必须知道哪些规则是不可以突破的。就像京剧，从古装戏到现代戏，从京胡等民乐伴奏到可以融入交响乐，舞台布置由简单的桌椅到现代的灯光舞美，也还可以借鉴其他戏剧或艺术的表现形式。但不论如何变，也必须是京剧唱腔，必须要遵守京剧行当的一板一眼，否则就面目全非，不是京剧了。

玛莎是一名美国的大学生，学生会要她在学校的广告栏里贴几十张校文化节的海报。但她遇到了点麻烦：学校的广告栏已经被贴满了。

一位中国学生此时正在这所大学进修，看到了这一情景，就劝玛莎把别人的广告覆盖掉，这一不符合规矩的建议被玛莎拒绝。

露天大厅的四周有几根木柱子，个别学生会在上面贴东西，但很不雅观。这位学生心想：你不也得这么干吗？过了一会儿玛莎回来了，他用彩色的塑料布将一根根木柱子包起来，在上面贴上了海报。整整齐齐又鲜活生动，既利用了空间又保持了清洁，看起来很

有艺术效果，将来取下来也特别方便。

看着玛莎的作品，这位中国学生深受触动，他感到玛莎不是想着怎么脱离规则求方便，而是想怎么在规则之内求创造。

我们最需要的创新不是无规矩的创新，而是有规矩的创新！遵守规则是创新的前提。

“规则”是个成长着的青年，当它“故步自封”时，就需要人们来“指教”。随着时代的发展和生产力的进步，人类的思想也在快速地发展。当一些“规则”不适应时代的脚步时，人们就要适当地修改它，使规则在发展中创新和在创新中发展；而在规则创新的过程中，“规则”将起到积极的安全保障作用。

没有规矩不成方圆。一个人如果能在纪律的框架内约束自己的行为，就会获得纪律所提供的自由的空间和成长的平台，使我们离成功越来越近。

第二节 纪律就是战斗力

一、纪律保证胜利

军队最有规矩，军队最讲纪律。毛泽东所说的“加强纪律性，革命无不胜”，这是我们从小耳熟能详的名言，而《三大纪律八项注意》更是影响深远的优秀革命歌曲，也是我军严守群众纪律、密切军民关系的具体体现。这正如毛泽东同志所指出的：这个军队之所以有力量，是因为所有参加这个军队的人，都具有自觉的纪律性。纪律性对于加强军队建设，密切军民关系，增强官兵团结，夺取战争的胜利，起到了重大的作用；它是人民军队区别于一切旧式军队的显著标志，是我军战无不胜的法宝；同时，它也是个人正确为人处世、自我约束的基本准则。

一个正规的团队是由具有各种能力的人员组成的。在团队中，每个人都贡献出自己的一份力量，他们的力量加在一起就组成了一个团队。

团队的整体能力并不是所属成员能力的简单相加之和。如果团队中纪律涣散，即使每个成员的力量再大，但一群散兵游勇，力量也可能会相互抵消，使团队的总体力量不升反降。只有在纪律的约束下，所有成员统一认识，才会出现耦合效应，才能使整体功能大于部分之和。这样的团队才有活力，才会蓬勃发展。每位职场人都应该牢牢树立“纪律保证胜利”的组织观念。

吉尔是一位比较有个性的销售员，在所工作过的企业，他都取得了不错的业绩。由于业绩骄人，后来他有幸进入杜邦公司。

吉尔认为，销售业绩决定一切，其他的一切都是多余的，所以他特别讨厌填写各式“申请”、“报表”，特别厌恶企业提倡的“数据分析”、“流程表”等；吉尔不喜欢参加会议，实在摆脱不了时就坐在最后一排想自己的事；吉尔也不愿意总结自己业务方面的经验教训，更不屑于学习别人好的经验；对于领导安排的事情，他也从不予以重视，要么不做，要么忘记。而杜邦偏偏是一家有着近百年历史的“军工出身”的企业，强调汇报，注重流程，希望每一个部分都是可控的，当然也希望每一个销售员的每一天是可控的。

吉尔最终离开了杜邦公司，因为他的个人风格与企业的管理制度不能相容，而同期进入企业的同事却在不断地被提拔。吉尔的职场悲剧完全都是他自己轻视规则所造成的。

在许多企业中，像吉尔这种类型的员工有很多。但是在现代企业制度下，仅有个性和能力是不够的，企业需要的是能与企业文化相融的员工，员工只有以企业文化、制度为前提，方能茁壮成长，充分发挥自己的才能，顺利到达成功的彼岸。企业好比是一个舞台，表演者即使演技再好，也应该在舞台上表演，而不是在舞台外表演，即使离开舞台与观众互动，也是为舞台效果服务的，并且是有规定区域的。员工应习惯在制度下工作，这是一种职业纪律，更是一种职业技巧，因为公司常常会通过“制度”把资源和荣誉给予员工，如果你与“制度”格格不入，那些资源和荣誉只会与你无缘。

日本伊藤洋货行的董事长伊藤雅俊突然解雇了功劳赫赫的岸信一雄。人们都为岸信一雄打抱不平，认为他被解雇是因为他的东西全部被榨光了，已没有利用价值，指责伊藤的行为是过河拆桥。但伊藤雅俊却理直气壮地反驳道：“纪律和秩序是我们企业的生命，不守纪律的人一定要处以重罚，即使会因此降低战斗力也在所不惜。”

原来，现任的经理岸信一雄从“东食公司”跳槽到伊藤洋货行后，凭着能力和干劲为伊藤洋货行作出了很大贡献，十年间将业绩提升数十倍，使得伊藤洋货行的食品部门呈现出一片蓬勃的景象。

但是从一开始，岸信和伊藤间的工作态度和对经营销售方面的观念即呈现极大的不同，岸信是属于海派型，非常重视对外开拓，常支用交际费，对员工也放任自流，这和伊藤的管理方式迥然不同。伊藤当然无法接受岸信的豪迈粗犷的做法，伊藤因此要求岸信改善工作态度，按照伊藤洋货行的经营方法去做。

但是岸信根本不加以理会，依然按照自己的做法去做，而且业绩依然达到水准以上，甚至有飞跃性的上升。充满自信的岸信，就更不肯修正自己的做法了。他说：“一切都这么好，证明我的这种路线没错，为什么要改？”

随着岁月的流逝，两人之间的裂痕越来越深，终于到了不可收拾的地步，伊藤只好下定决心将岸信解雇。

这件事情不单是人情的问题，也不尽如舆论所批评的那样，而是关系着整个企业的存亡问题。对于最重视秩序、纪律的伊藤而言，食品部门的业绩持续上升固然是好事，但他却无法容忍“治外法权”如此持续下去，因为，这样会毁掉过去已辛苦建立的企业体制和组织基础。从这一角度来看待这一事件，伊藤的做法是正确的，纪律的确是不容忽视的。

小张在工作上的个人能力极强，任务完成得也不错，但纪律意识很差，上班经常迟到，而且比较强悍，没有人敢得罪他，班组其他人的积极性也受到了影响，管理他的班长在无奈之际找到经理讨教办法，经理说：“如果你现在不果断处理，就等于破坏了纪律，你的工作今后就更难开展了。”班长后来在经理的支持下，对小张进行了追加罚款以及通报批评处理。慢慢的，情况好转，生产秩序得以稳定。

很多人都有这么一个通病，认为只要把自己的工作做好就可以了，其他的不必讲求太多。但站在组织的立场上来看，一切必须从整体和大局出发，纪律性才是组织正常运转的基本保证，如果纪律问题处理不好，每个人都行为散漫，不将自己融入团队，团队的集体功能就得不到应有的发挥。对于组织来说，小张这样的人即使工作能力再强，如果不改变，也是留用不得的。

二、不听话就得挨“鞭子”

英国剑桥大学有一位著名的校长，治校有方，培养出了很多名满天下的学生。有人问他为何能把学校管理得这样好，这位著名的校长说，那是因为他用一条鞭子来惩治那些不听话、不上进的学生，并且奖罚严明。还说，如果给他一把手枪，他会把学校管理得更好，培养出更多的好学生。

故事的深刻寓意是不难理解的(千万别仅仅理解成是一种体罚)。与“一条鞭子”类似的故事在其他许多地方也出现过，只是主角不是剑桥校长，换成了其他人，大致意思还是说只要有了科学合理的制度并严格予以执行，就一定能把学校管理好，培养出更多好学生。这里的“一条鞭子”指的就是严格的制度。其实，不仅管理学校如此，任何一个团队要想获得成功和长足发展，都需要这样的“一条鞭子”，那些违反了纪律的人都该挨“鞭子”。

小张刚刚被提拔为某公司业务部经理，这本是件令人高兴的事情，但是小张却很矛盾，因为部门里有一个大姐级的人物赵兰。赵兰一直是这个部门里业绩最好的员工，但个性张扬、口无遮拦，大家都不喜欢她。

为了以后能融洽相处，小张请赵兰一起吃晚饭，表示要向她学习，希望她能多多给予支持。赵兰态度很好，说大家都是好姐妹，以后一定会互相帮助。但赵兰当面一套背后一套，背后经常在众人面前挑剔小张的不是，让小张下不了台。赵兰甚至喜欢自作主张，越级汇报，还违反规定休假。小张很苦恼，究竟怎样才能不得罪她，又不做傀儡上司呢？

有一次，赵兰把两份客户的合同弄混了，差点给公司带来重大损失，幸亏小张及时发现，才得以挽回。一怒之下，小张也顾不了许多了，对赵兰进行了严厉的批评，并按规定进行了严厉的惩罚。

从那以后，赵兰收敛了很多，更让小张欣慰的是，就连其他人的工作错误也明显减少了。

制度，从一般意义上讲，是组织一系列成文或不成文的规则。制度不仅规范组织中人的行为，为人的行为画出一个合理的受约束的圈，同时，也保障和鼓励人在这个圈子里自由地活动；或者更通俗一点说，制度是一种标签或符号，它将组织中人的行为区分为“符合组织利益的行为”和“不符合组织利益的行为”。组织的领导者和决策者可以据此采取奖勤罚懒的措施，褒奖“合乎组织利益的行为”，惩罚“不合乎组织利益的行为”，从而有效地刺激组织中的人约束自己，提高组织管理的效率。而在这样的奖罚中，组织的各项规章制度也得以推行和巩固。

三、纪律面前人人平等

联想集团建立了每周一次的办公例会制度。有一段时间，一些参会的领导由于多种原因经常迟到，大多数人因为等一两个人而浪费了宝贵的时间。联想集团董事局主席柳传志决定，补充一条会议纪律，迟到者要在门口罚站五分钟，以示警告。纪律颁布后，迟到现象大有好转，被罚站的人越来越少。有一次，柳传志自己因特殊情况迟到了，走进会场后，大家都等着看他如何解决和面对。柳传志先是一个劲儿地道歉解释原因，同时自觉地在大门口罚站五分钟。

于是，这一事件不胫而走，整个联想集团都为柳传志的五分钟罚站而喝彩，其效果也不言而喻。

在遵守纪律的同时，还要忠实于自己的岗位，尽职尽责地去捍卫规矩的正常运行。很多组织都有这样的规定，即内部每一个人都必须凭证件进大门，谁都不能例外。不过，在实际执行过程中有些门卫是打了折扣的。至于那些认证不认人的门卫，他们严守纪律的故事至今仍是美谈。有两个门卫的故事说的正是这个道理。

故事1

一次，列宁参加会议，进门的时候没有带证件，被卫兵拦在门口不让进去。列宁身边的警卫员赶忙解释说这是列宁同志，是今天会议的报告人。卫兵说，我当然认识列宁同志，他是我们尊敬的领袖，但是我的职责是保证会场的安全，只有带证件的人才允许进去，没有证件的人一律不允许。无论警卫员怎么说，卫兵还是坚守纪律，不让列宁进入。列宁不仅没有责怪卫兵，而且表扬了他。

故事2

另一个故事发生在美国IBM公司董事长沃森身上。有一天，沃森带着一个国家的王储参观工厂，走到厂门口时，被两名警卫拦住："对不起，先生，您不能进去，我们IBM的厂区胸牌是浅蓝色的，行政大楼工作人员的胸牌是粉红色的，你们佩戴的粉红色胸牌是不能进入厂区的。"董事长助理彼特对警卫叫道："这是IBM的董事长沃森，难道你不认识吗？现在我们陪重要客人参观，请放行吧！"警卫说："我们当然认识沃森董事长，但公司要求我们只认胸牌不认人，所以必须按照规定办事。"沃森看到这样尽责的警卫非常高兴，非但没有责怪，而且给予表扬，并安排助理赶快更换了胸牌。

革命导师常说“铁的纪律”。所谓铁的纪律强调的是纪律的强制性、统一性和严肃性。纪律是一种权威，任何组织和个人都不能破坏它、违反它。这就是说，遵守纪律是无条件的，不能把个人认为是否正确作为遵守与否的前提条件，更不能合我意就执行，不合我意就不执行。纪律面前人人平等的基本含义，就是不论是哪一级组织，也不论职务高低、资历深浅、功劳大小，都要遵守组织纪律；只要违反组织纪律，都会按照错误性质和情节轻重受到相应的惩处。

在现代企业制度下，仅有个性和能力是不够的，企业需要的是能与企业文化相融的员工，员工只有以企业文化、制度为前提，方能茁壮成长，充分发挥自身才能，顺利到达成功彼岸。

第三节　一切行动听指挥

一、有服从才有运转

在规则形成之初，每个人都应主动发表自己的观点，使规则迅速确定下来。一旦团队的规则形成，就要认真遵守。组织里面如果思想不统一，每个人都有自己的想法，就会像很多马拉的马车，每匹马都有自己的方向，没有统一的指挥，马车就会原地不动，甚至会倒退。只有统一群马的方向，群马服从指挥，马车才能前进。

所谓服从，就是遵循指示做事。服从的人必须暂时放弃个人的独立自主，全心全意去遵从所属机构的价值观念。不论在任何机构，领导的权力都是有其极限的。领导者的地位无论怎样高，都必须向一个更高的权威负责，如企业的总裁必须向董事会、股东和消费者负责。真正的领导者能专注地听从来自下属、群众、员工、客户、市场的每一个召唤，并忠诚地服从这些召唤，不能以任何客观借口来推延。“服从”也是组织的领导者服务精神的写照。

没有服从理念的企业是没有发展前途的，在市场竞争中一定会失败。所有团队运作的一个前提条件就是服从，没有服从就没有一切，所谓的创造性、主观能动性等都在服从的基础上才得以成立的，否则再好的创意也推广不开，也没有价值。

所以，我们应把服从作为核心理念来看待。每个人都要有意识地服从老板、服从上司、服从领导、服从组织。如果有不同意见，可以在组织没作决策前提出，一旦组织决定了，就要服从决定，虽然这个决定有可能违背你的利益，也要无条件服从。“令行禁止”的组织才有高效率，才有竞争力。

有家公司，员工近千人，一年有几亿的销售收入，在行业内排在前三名。但老板却很着急，因为中国已经加入WTO，如果国际巨头“杀”进来，自身又不加快发展速度的话，就会被市场淘汰。

这位老板的思路渐渐清晰，开始加快了发展步伐。然而下面的人总是跟不上，尤其是分公司的老总们。总部制订了策略、计划，在分公司总不能有效执行。分公司认为总部的方案不好，总公司不了解下面的实际情况，他们不能盲目执行，否则会造成损失。总部叫他们自己出方案，他们又拿不出来，或者拼凑一篇，没有任何专业性，让总部没办法批准。

于是，这个公司几年来原地踏步，没有进展，公司的效率非常低。老板为此头痛不已。

其实，这就是没有搞清楚自身角色的定位。既然总公司作出了决策，风险就由总公司来承担，分公司要做的是在执行的过程中降低这种风险，发现问题，努力解决问题，而不是不服从，否则就是本末倒置，大小不分。根本问题是，这家公司的企业文化出了问题，没有很好地教导员工树立服从意识。对于一个团队来说，如果大家各行其是，都按照自己的方式做事，就会有禁不止，影响团队的效率。

在执行的过程中，首先要重视的就是服从。下级服从上级、部门服从公司、公司服从集团。令行禁止，决定的事和布置的工作必须有反应、有落实、有结果、有答复。服从是任何一个组织成员必备的基本素质。没有服从，就没有团队的胜利，当然也就没有个人的胜利。团队运作的前提条件便是服从，没有服从就没有一切。所有的宏伟蓝图、长远规划等都必须在服从的前提下才能成立，否则

一切计划都将等于零。

事实正是这样。任何一家组织的制度和战略的形成，都是管理者智慧和经验的结晶，但常常因为下属的不服从而宣告失败。这样的教训实在太多。因此，一些常青企业严格规定，一旦制度和战略形成，任何人都必须百分之百地支持和服从。

二、服从不是卑微

有的人对服从的理解过于狭隘，认为服从就是低人一等。在一个组织中，服从并不单指下级服从上级，每个人都会有所服从，比如个人服从集体、少数服从多数等等。服从的目的是为了实现组织的目标。

一个台湾的护士来北京一家医院工作。过了一段时间，她感到非常惊讶：大陆的护士地位太高了，竟然能和医生平起平坐。

在台湾护理教育中，“服从”被当做是护士最重要的素质。医护之间等级非常清楚，医生让护士干的护士必须去干，而且不能有任何的迟疑，也不能有异议，护士的唯一角色是医生的助手。

她说，大陆的护士最缺乏的就是“服从”，对医生的嘱咐老有意见，这在台湾是不可想象的，而且有可能会被炒鱿鱼。她感觉大陆在护士教育上没有强调“服从”，而是过多地强调了护理的独立性。

其实，大陆的护士并不是都没有“服从”的素质，台湾的护士估计也有不服从的吧？而且医生和护士在地位上也应该是平等的，只是工作职责分工不同。但另一方面，既然是职责分工不一样，就应该有主角和配角，命令和服从，就有上下工序。服从是工作的要求。所以，服从绝不是卑微，而是一种素质、一种品质、一种美德。

任何团体都非常强调成员对集体和对领导的认可度。这种认可度也可以理解为服从，它是组织文化的重要组成部分。在企业里，作为公司的发起人，老板既是公司的所有者(有可能同时也是经营者)，又是公司核心精神和公司经营理念的人格化体现。因此，服从是对于老板的认可，是对于公司的认可，同时也是对于你自己的认可。没有服从，也就没有了对于自己前程的认可。

小郭对他的上司有些不以为然，因为他的上司个头比小郭矮，学历、水平和能力好像也没有小郭高，尤其是小郭能讲一口流利的英语，在跟外商谈判中，显得尤为突出。

在一次与上司跟外商谈业务的晚宴上，小郭得意地与外商频频举杯，用英语跟外商海阔天空地闲聊，举止可谓潇洒飘逸。上司频频向他示意，要争分夺秒、抓住时机、一鼓作气将合同定下来，但是他却不以为然，只顾着卖弄自己，竟把上司冷落到一旁。结果这个本来可以当时就拍板的合同拖了很长时间才落实下来。没几天，小郭就被调到了另外一个不太重要的部门。

即使领导有很多不足之处，但至少有一点你不如他——他拥有一定的资金、人才、商品、技术和社会关系等资源。另外，能成为领导的人，首先他的个人能力是不可否认的。如果下属感觉领导这也不对，那也不对，仅相信一些肤浅的、表面的东西，看不清楚事情的本质，那就大错特错了。所以，要把服从作为核心理念来看待，经理就是经理，员工就是员工，服从是第一生产力。每个人都要有意识地服从经理、服从上司。纵然再有才华，也要服从组织的安排。小郭被调职的原因就是太把自己当回事了。这里有一个以服从为美德的故事值得小郭这样的员工好好学习。

王林是一个很有才华的员工，对上司总是恭敬有加，对上司的命令也是采取服从的态度。在与客商谈生意时，王林总是在一旁保持缄默，而在适当的时候为上司“补台”，比如一个关键数字上司忘记了，在上司停顿的瞬间王林及时地提醒“台词”，上司非常感激王林，经常拍着他的肩膀说他是自己的好参谋、好助手。

有一次，公司一名员工因工伤住进了医院，他的身边没有什么亲人，于是老板动员同事们帮这名员工做日常护理。大家面面相觑，无人表态，老板很尴尬。最后，王林主动站出来，为老板解了燃眉之急。老板很感动，王林顾及的是整个团队啊！

当公司和团队有什么困难的时候，大家都很容易想到王林，王林自然而然成了同事、上司、老板心目当中的重要人物。

一个有才干的人不一定是独当一面的人。既然受部门经理的领导，就要在各种场合以上司为中心，突出上司的主导地位。如果喧宾夺主，那么整个组织的原则就无法得到贯彻，行动也会落后于别人。再有度量的上司，能容忍得了超越自己的下属，却不会容忍无视组织命令、组织原则的行为。

一个公司内部存在分歧，很快会被竞争对手知道。市场上没有瞎子，虽然在公司内部是一个小小的问题，传到市场上就是一个很大的问题。因为有人在研究你，并会通过这些矛盾来给你制造更大的危机。所以，一个团队，首先要思想一致，才能应对外面市场的残酷战斗。在“家里”一团糟，意见分歧，人心涣散，出去是打不赢战斗的。

上司的地位和责任使他有权发号命令，不允许部属抗令而行。在一个团队当中，如果下属不能无条件地服从上司的命令，那么在达成共同目标时，就可能产生障碍；反之，则能发挥出超强的执行能力，使团队胜人一筹。

下属只有服从命令，领导的决策才能得到有效执行，整个团队才好协调，才能步调一致地对付外来的竞争。如果一个人只顾炫耀自己的锋芒，无视组织，无视团队，那么这样的人纵然再有才华，也是不受欢迎的。

服从体现在行为上，要注意以下几个建议。

1. 服从没有面子可言

面对你的上级，应该借口少一点，行动多一点。我们经常会遇到这种情况：在一些主管接受某项业务时，不是一次就把事情做了，而是先让交代任务的人走开。“我现在很忙，先放在这儿吧。”好像马上去做就会显得自己不权威、不繁忙，其实，这样做的主要原因就是好面子。在优秀员工的身上，绝不会发生因好面子而延误工作的事。上级一旦安排了工作，他们就会无条件地立刻行动，因为在服从面前没有面子可言。

2. 服从应该直截了当

在企业中，需要一种直截了当、畅通无阻的传递过程：没有“顾忌”、没有“繁琐”，无须“协调”、无须“磨合”，全力而迅速地执行任务。这是一个非常重要的指标，也是管理效能的一个非常重要的方面。

3. 接受当先，随令而动

立即行动最能体现服从的精神。领导作出的每一个决策一般都不会是一拍脑门就决定的，他的工作是系列化的，你的某项任务就是其中的一个环节，不要因为你这一环节而影响到整个工作的进程。领导之所以这样决定，里面包含了他个人的判断，如果你认为不可行，可以在执行过程中再去和领导沟通；而不应该马上推辞，并列出一堆理由来说明你的困难，这样是最不受领导欢迎的，一定要记住这一点。

任何环境中，只有遵守纪律、服从命令，才能取信于人，被人尊重；才能提高自己，使自己立于不败之地；才能凝聚成一股绳，

成长为能打胜仗的团队；才能保质保量地完成工作任务。

三、服从不是盲从

在工作中，“上司”虽然是管别人的人，但上司也是人，他也有考虑问题不周全、处理事情不周到的时候，这时下属就一定不要盲从，要有自己的主见。如果事事都顺着上司，上司怎么讲就怎么做，这样建立起来的上下级关系根本谈不上是良好的关系。

一味地附和上级，这样的盲从必然给工作带来损失。在现实情况下，对于正确的领导，下级理应服从，问题是对于错误的领导是否也要服从。一般来说，对于错误的领导，为了顾全大局也要在某种程度上服从。但在服从的同时，要采取适当的方法向领导阐明问题的严重性，在实际行动中有所保留、修正和变通；在不能及时纠正的情况下，一方面要贯彻执行，另一方面要及时向有关方面提出自己的意见，以维护组织的利益，这是一条根本原则。当然，这需要执行者有良好的沟通技巧和综合素质，才能完美的处理此类事情。

我们要的服从，不是抛开合法前提的盲从。正如：“服从组织”，但不能服从非法、反动的组织；“服从上级”，但不能服从违法、腐败的上级；“服从决定”，但不能服从非法、违法的决定……所以，服从的时候，我们也要多动动脑子，借助自己的判断能力，从客观公正的角度，判断出上司的指令违背原则时，就坚决不能服从。任何时候都要坚持正直的品德，即使短时间内会受到一些不公平的待遇也要从组织的利益出发，并通过一定渠道取得上级的支持。不过，这也是要承担风险的，万一你的判断失误，就要承担相应的责任。

一篇《要想不“倒”靠自己》的文章(见《党建文汇》第八期)说：在重庆虹桥垮塌案审理中，原綦江县副书记林世元辩称，他之所以“倒”了，是因为“一味听从县里的决定、决策”。这句话在八月十一日《上海法制报》的《綦江虹桥垮塌“第三案”庭审侧记》(下称《侧记》)中得到了印证：虹桥工程实际上是一个违法的“六无工程”，工程立项、国土规划、可行性论证、设计审查、招投标等一系列法定手续和程序都没走，全由县长张开科一锤定音。林世元也不管合法不合法、程序不程序就“服从”了张开科的决定。可想而知，由这样一些敢于违法、违章、违程序的人搞起来的工程会是什么质量。结果，虹桥垮塌，四十多条生命葬身于綦河……林世元、张开科一干人马也都“倒”了。

林世元的自辩不乏自鸣“冤屈”的味道：三十八岁的年轻人，由建委主任到副县长到副书记，一路顺风，却因为“一味听从县里的决定、决策”，随着虹桥的垮塌而“倒”了，自然有他想不通的地方。林世元的“服从”(或俗称的“听话”)是现今某些领导特别喜欢的，可林世元偏偏就因这“一味听从”“倒”了，岂不“冤”哉？但细一研究，林世元“倒”得一点不冤，而且“倒”得必然，“倒”得应该。

不对上司盲从，否则会造成对公司的莫大伤害；不对父君盲从，否则就会陷君亲于不义。下面是孔子和曾子的一段言论，非常值得我们借鉴。

> 曾子曰：若夫慈爱恭敬，安亲扬名，则闻命矣。敢问子从父之令，可谓孝乎？子曰：是何言与？是何言与？

释义：曾子听了孔子讲的各种孝道，都明白了，而没听过当父亲有过时，该怎样办，所以问：“您前面讲的父亲慈爱恭敬，安亲扬名的道理，我明白了。我想问一下，儿子不违背父亲的命令，一切

听从父亲的，这算不算是孝道呢？”孔子听了曾子的问题，说：“这是什么话？这是什么话？”

管理解析：下属不违背上司的指令，一切听上司的话是错误的。

往昔天子有争臣七人，虽无道，不失其天下。诸侯有争臣五人，虽无道，不失其国；大夫有争臣三人，虽无道，不失其家。士有争友，则身不离于令名。父有争子，则身不陷于不义。

释义：上古时候，天子假若有七位直言谏诤的部属，即使天子偶有过失，七位争臣也可进忠言，天子才不会失掉天下。诸侯假若有五位谏诤的部属，虽无道，也不会失掉他的国。大夫如果有三位谏诤的部属，那他虽然间有差误，也不会失掉他的家。为士的人假若有谏诤的朋友，自能免于错误，不会损害美好的名誉。为父亲的，若能有明礼的儿女，常常谏诤他，自然也就不会陷于不义了。

管理解析：管理者需要能给出不同意见和有思想的下属作为辅佐者，才能免于陷入困境。

故当不义，则子不可以不争于父，臣不可以不争于君，故当不义则争之，从父之令，又焉得为孝乎。

释义：如果子女见到父亲做不义的事，为子女的，不可以不和父亲谏诤。如果一味地听从，就是盲从，会陷父亲于不义，陷父亲于不义，怎么能算是孝呢？

管理解析：作为下属，在某些事情上，了解的具体情况比上司更多，所以在发现上司有错的时候，一定要提出来，为上司摆明是非利害，如果一味听从，就等于纵容上司犯错，又怎么能算是尽到下属的职责呢?

孔子举例说出了谏诤的重要性，对上可以帮助上司改正错误，也就和前面的服从上司且不盲从上司呼应起来了。谏诤本身就成了对上司尽责的一部分，上司需要争臣作为镜子，防止决策失误。

作为组织，需要让所属成员能够正确分辨“服从”和“盲从”的区别。如果企业一味地强调服从，员工可能会在创造性和积极性上受到一定的挫伤。如果企业只是要听话的员工，只是要他们不断地执行上级的方案与命令，员工哪来的创造性与积极性呢？员工自然会想，这都是上面的事，与我无关，我只要把工作做好就可以了，只是按照吩咐去做，不必去管具体的结果。但领导的思想与方案更多地来源于企业一线，如果失去了一线员工的动力作用，很难想象企业的发展将是怎样的前景。所以说，服从只是完成工作的一个前提条件，但绝不是“干好”工作的前提条件。

IBM公司曾经连续四年被美国《财星杂志》推荐为表现最优异的公司。有一件发生在IBM的老板小华特森与部属巴克·罗杰斯之间的事情说明了服从和盲从的区别。

有一次，罗杰斯接到小华特森的开会通知，要他下午三点准时参加，不巧他事先已与顾客约好，当他接到通知时，已在顾客的办公室了。所以，罗杰斯把顾客的事情办妥之后，回到总公司，已是下午六点半了。

小华特森为了表示他的不满，并没有让会议开始，全公司的高级主管都在会议室等候罗杰斯。

当罗杰斯走入会议室时，小华特森面无表情地问他：“追求卓越的绩效是公司的基本信念，你连这么重要的会议都无法准时参加，如何去追求卓越的绩效呢？”罗杰斯立刻反问说：“公司其他的信念，是否也要彻底实践呢？”

小华特森回答：“当然啦！”

罗杰斯说："我与新泽西州的客户有约在先，因此先赴约完成'服务顾客至上'的信念，这么做难道错了吗？"

小华特森的脸色缓和下来，他微笑着说："巴克，你没有盲目听从我的指示，对事情的轻重缓急掌握得非常正确。我们现在立刻开会。"

事实上，在一项措施尚未实施前发表意见，在决策执行过程中及时指出问题，在上司有明显失误时严肃地提出告诫，既是下属的权利和义务，又是证明自己的才干、获取上司好感的一条有效途径。有人说，最不中用的职员是什么事都不关心，也不表示兴趣的职员。这话颇有道理，因为有关心、有兴趣，你才会对工作认真负责，才会有所建树。

但任何事情都需有一个"度"，不"盲从"也有一个"度"。在职场中出现上司与下属或者领导与雇员之间意见不一是常有的事，甚至有的时候上司或领导会出现明显的错误，但如果不是原则性错误(比如违法)，那么作为下属或雇员除了有义务当面指出之外，绝对没有权力擅自改变上司或领导作出的任何决定。

新世界超市采购部的经理汉斯放下电话，就叫嚷了起来："现在这家供货商的东西根本不合规格，必须立即下架，还是迈克的货好！"他狠狠地捶了一下桌子，"可是，我怎么那么糊涂，还发E-mail把迈克臭骂了一顿，说他是骗子，这下麻烦了，一时找不到货源了！"

"是啊！"助理朱莉小姐转身站起来，"我那时候就提醒过您，要您先冷静冷静再写信，您不听！"

"都怪我当时在气头上，以为迈克一定骗了我，要不然别人的怎么那么便宜而他的货却要贵出那么多！"汉斯在办公室的窗前来回地踱着步，突然抢到桌边，拿起电话，"把迈克的电话号码给我，我向他道个歉，让他立即给我们发一批货过来应急！"

朱莉莞尔一笑，走到汉斯桌前，说：“不用了，经理。告诉您，那封E-mail我根本就没有发。”

“没发？”汉斯惊奇地看着朱莉。

“对啊！”朱莉一脸得意。

汉斯如释重负地坐了下来，停了半晌，又突然抬头问：“可是，我当时不是叫你立刻发出去的吗？”

“没错啊，但我猜到您会后悔，所以就压了下来！”

“压了三个礼拜？”汉斯满脸惊讶地问。

“对，没想到吧！”

“我是没想到……”汉斯低下头，翻了翻记事本，“可是，我叫你发，你怎么能自作主张地压下来呢？那么，最近发给南美的那几封信，你也压下来了？”

“那倒没有！”朱莉没有觉察到汉斯的脸色已经极其难看，“我知道什么该发，什么不该……”

朱莉还没有把话说完，就见汉斯霍地站了起来，沉声问道：“这里是你做主，还是我做主！”

朱莉呆住了，眼眶开始渐渐湿红，颤声问：“我……我做错了吗？”

“错了！”汉斯斩钉截铁地说。

隔了两天，朱莉就接到一份解雇通知书。

或许你会有疑问，领导怎么把朱莉解雇了呢？原因就在于朱莉没有搞明白服从和盲从的关系。领导已经形成的决定，如果发现失误，她可以当面提醒，但她绝对没有权力私自改变这个决定。

如果你想做一个调查，向你的总经理提出这样的问题：“如果您讲什么，干部们总是百依百顺，您觉得怎么样？”他们几乎没有例外地表示：“不好，这样不好。”追问原因，则会得到同样的答案：“我迟早会被这些人害死！”如果又问这些总经理：“如果无论您讲什么，干部们都有意见，您觉得怎么样？”他们则会回答说：“那怎么行，存心要捣蛋，那还得了！”

总经理们最欣赏也最放心的干部，是那些应该听话的时候听话，不应该听话的时候“不听话”，也就是听话听得合理的干部。部属有所听有所不听，才能得到上司的信任与赏识。

在向上司提出意见时，所提的必须是积极的、有建设性的言论，应切忌不负责任地空谈。另外，作为下属，在提出意见时不要有损于上司的尊严，不能让上司“下不了台”，或表现得你比上司更精明。同时，不要强调私怨，不要让你的上司认为：“这家伙只是为了自己的私欲，才提出这个意见。”只要做到了以上三点，你的意见就极有可能被上司采纳。有人认为有意见提出来也没用，反正上司不会采纳，觉得提意见是自找麻烦，从而逃避提出意见，这只能说明他是一个缺乏勇气的人。这样的人难以得到上司的信任和好感，事业上也难以有所建树。

有的上司自命不凡，对下属言语傲慢，盛气凌人，这时下属就处于十分窘迫的境地，如果盲目违心地顺从上司，又觉得过于窝囊，有损自尊，同时又助长了上司的这种不良作风；如果当面直接地表示不服，对方毕竟是上司，不好伤了他的自尊。这时就必须十分注意技巧，向上司暗示你的想法，在维护上司自尊的同时让他明白自己的错误。

四、先“服”后“从”

服从，从字面意义上来看，就是自愿遵守，先“服”后“从”，而不是强迫自己去做。从接受纪律到自觉遵守，这是一个质的变化。如果始终是被强迫执行，那么想顺利开展工作似乎也是不可能的。在充分了解纪律后，自觉地去遵守，并利用纪律合理地保护自己，那么你就站在了纪律的新高度上。

纪律是严格遵守各项规章制度，贯彻各种会议决议，执行上级、集团、公司制订的决议、预算、计划、通知，这是下级必须履行的职责，不“服”不行。管理者必须带头遵守有形的规章制度和无形的组织文化，这是贯彻纪律的关键。任何人都不得将个人、亲属、朋友和小团体的利益凌驾于组织利益之上。

在组织中，要杜绝有令不行、阳奉阴违的不“服”“从”现象，需要领导者的决心。执行力度不够的一项重要原因就是缺乏服从意识，而这与领导的领导能力有很大关联。如果领导者作了决定，服从者打了个折扣，甚至寻找借口不执行决定，最终就会造成有令不行的现象。这时，如果领导者推开下属，自己动手去完成任务，就会造成企业管理的层级没有了，权力下放的通道被堵塞了，必然会引发这样的恶性循环：下属愈加不负责任、不听指令；领导者去做下属做的事情，遗忘了自己的职责，耽搁了战略发展的大事。基于此，领导者在贯彻服从意识时，要站在组织发展的高度上，手腕有力，绝不可向下属妥协，更不可向惰性妥协，切实提高下属的“服”“从”意识。

小王刚到新单位，主管分配给他一些基础性工作，如打开水、整理文件、整理会议记录等工作。小王认为这些工作低人一等，不愿服从，做事情时敷衍了事，以致会议记录错字连篇。当主管批评他时，他又认为这是主管故意刁难自己，对主管的批评不服，态度很不好。由于多次与主管产生矛盾，小王不久就被辞退了。

其实，虽然主管交给小王的都是一些比较基础的工作，但只有服从安排，把每件工作做好，主管才会交给他更重要的工作去做。如果小王能懂得这个道理，就可以更好的“服”“从”主管的工作安排了。一般来说，高层的主要责任是决策——做正确的事；中层的职责是执行——正确地做事；而基层人员的主要责任就是操作——迅速地完成任务。组织中每个人都能够自觉快乐地承担自己

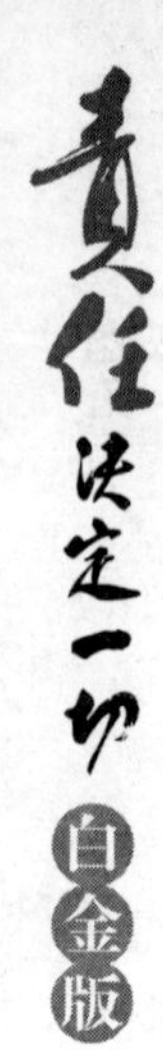

的责任，就是在“服”“从”。

五、职场“三八”

“三大纪律，八项注意”是由毛泽东同志在第二次国内革命战争中为工农红军制订的纪律发展而来的，曾经是红军政治工作的重要内容。这些纪律，对于军队的建设、处理军队内部关系、团结人民群众和确立对待俘虏的政策，都起到了极大的作用。红军当年依靠“三大纪律，八项注意”使革命队伍变成了铁打的部队。如果是企业的管理者，就要向红军学管理，制订企业的“三大纪律，八项注意”。如果你是一名职场人士，就要时刻谨记职场中的“三大纪律，八项注意”。

1. 三大纪律

(1) 严守时间纪律

对于职场中人，时间的含金量完全取决于一个人是否拥有敬业精神——有的人爱岗敬业，严格守时，一刻千金；有的人却稀里糊涂，慵懒应付，视时间如粪土，几天、几个月，甚至几年都毫无建树。

在职场上迟到是最要不得的。上班不要迟到，最好提前到达岗位，这可以给人遵守时间、勤奋踏实的感觉。即使你每天的工作不多，也要利用办公以外的时间多做一些服务性工作，如打水、扫地、整理内务等。如果是在商务活动中，不守时不仅会严重影响职业形象，有时还会影响到合作关系。信守时间是职业人的基本素质，如果迟到而不以为然，势必耽误大事。

树立良好的时间观念，是职场中人敬业的体现，是赢得公司同事、上司、老板好感和尊重的基础。

(2) 不拿单位一针一线

职场中，很多人都有贪小便宜的不良嗜好，他们认为“不贪白不贪，反正是公家的东西”。于是顺手牵羊，然而，他们的这一行为，已经严重地违反了最基本的职业道德，到头来是“捡了芝麻，丢了西瓜”，“下岗”之后才大呼“悔不该当初”。职场中任何一个微不足道的小节，都足以毁掉一个人所有的诚信，这并非危言耸听。如果你认为拿公司的一张纸、一支笔是无关痛痒的话，那么离你拔个插座，摘根灯管，截段电话线……也就不远了，而那张解雇书可能就在前面等着你。

(3) 要视单位的利益为自己的利益

如果一个员工觉得自己与公司仅仅是雇主与雇员的关系，那么他就很难对公司形成发自内心的感情，这样的员工很难具备真诚的敬业精神。

作为员工，你应该把公司当做自己的家，把公司的荣辱当做自己的荣辱，视单位的利益为自己的利益。当公司取得更大发展的时候，你应为之深深地感到高兴；如果公司陷入极大的困境，你应竭尽所能地为公司出谋划策。只有拥有这样的使命感，才是作为员工真诚的敬业精神，也只有这样，才能实现公司与个人的双赢。

2. 八项注意

(1) 不要在办公室太过随便

有的人太以办公室为家了，在办公室里无所避忌，甚至连拖鞋和大裤衩都敢穿。偶尔还把袜子洗了搭在自己座位的椅背上，还不住地用手抠脚趾，自认为这就是豪爽。这种人在公司会给人以邋遢、难做大事的感觉，会让很多人讨厌。

(2) 不要在单位长时间闲聊

在办公室与同事进行适当的交流是可以的，但上班时间的闲聊必须有一定的分寸。如果你花太多的时间与同事聊天，就会给人留下一种无所事事的印象，同时还会影响你的同事按时完成工作。

即使平时的交流，最好也要回避一些职场的敏感话题，如公司政策、人事变动、工资待遇、员工的花边新闻等，以免引起不必要的矛盾。有些人还喜欢谈论别人的隐私，可能并无恶意，但由于缺乏控制能力，也会招来同事的厌恶和避而远之。其实，一些敏感话题不但会引发不必要的矛盾，还会影响你自己的形象。

(3) 不要给自己的失误找客观理由

任何人都会做错事，但是有些人明明知道自己做错了，却要找客观理由，比如工作失误时，推说上司或同事交代不清楚。如此推卸责任，很容易使自己名誉扫地，失去诚信。反之，一个敢作敢当、勇于认错的人，就会赢得他人的信赖，在工作上如鱼得水。

职场中主动承认自己的错误，远比被别人批评要心情舒畅。如果你觉察到自己出了问题，就应该主动讲出来。要知道，不管是上司还是同事，他们对此都会宽宏大度，不计较你的过错。但是，如果你不但意识不到自己的错误，还试图为自己的错误辩解，那么你只会在错误中越走越远。

(4) 不要耍小聪明

职场中存在很多“聪明”的人，他们善于利用自己的“聪明才智”与上司或老板打游击战。上司或老板在的时候，他们装着拼命工作的样子，可上司或老板一转身，他们就变得慵懒而不负责任。这种靠着小聪明在工作中耍滑的员工，一般会认为工作只是一时迫于生计而出卖自己的劳动力，并非是自己热爱的一项事业，没有必要太卖命。事实上，有这种思想的人，在职场中都不会有很好的发展，他们最终会碌碌无为。

(5) 眼中不要只有你的工资

诚然，一个人为公司出力，公司应该付给你报酬。但如果你始终斤斤计较于是否等价，是否所有的付出都有回报，那只会阻碍你自身的发展。因为，如果你有这样的思想，就不可能看到薪水之外的东西，你也就无法主动地去学习有益于工作的各项技能，就无法再为公司的发展做更大的贡献，又何谈让公司给你加薪呢？

如果你拿一百元的工资只做一百元钱的事，那么让上司找什么理由来给你加薪呢？但是，如果你拿一千元的工资做了一万元的事，那么上司就不可能不考虑给你加薪。这样浅显的道理，想必职场中人都懂。

(6) 不要加入小团体

一个公司不管规模大小，只要超过三个人，就可能会有“结党营私”的状况发生。很多职场中人，由于背景相近(同期进公司、同校情谊)，或志趣相投(喜欢逛街、爱打高尔夫球、爱聊八卦)等……很容易就会形成“小团体”。

“小团体”中的人在一起久了，如果滋生出动机不纯的思想，就很容易为谋求彼此的利益而形成“派系”。而在派系中的人，他们除了极力去追逐私利，很难对集体有奉献精神，最终导致公司同事间相互倾轧、排挤的现象层出不穷，甚至影响公司的正常运转。因此，公司的老板都不喜欢员工搞“派系”。

(7) 注意应有的礼节

小刘是一个性格豪放、不拘小节的女孩儿。有一次，她的顶头上司杰克正在会议室接待一批重要的客户，小刘突然闯了进去，大声喊：“老杰克！你的电话。”杰克的脸立即阴了下来，自己不到四十岁，竟被人喊成了老杰克，而且当着众多客户的面。杰克起身出去接电话，自始至终没有瞄一眼小刘。不久，小刘就被解雇了。

职场中有很多像小刘一样的员工，他们进入公司一段时间以后，渐渐习惯了公司的生活，同事间也逐渐熟识，于是他们就开始不注重礼节，与前辈或上司说话变得没大没小。殊不知，前辈或上司虽然表面上看着不在意，但内心却会对此感到不悦，因此，不管你与上司和同事在平时相处得多么像一家人，你也应该保持庄重和礼貌，说话或办事绝对不可越界。

(8) 把握住与公司异性的距离

因为在公司谈恋爱会影响到当事人的工作，尤其当两个人闹起情绪时会对公司正常秩序产生影响，所以很多公司都不希望自己的员工在公司内部谈恋爱。而作为员工，更要防微杜渐，把握好与异性同事之间的距离。如果距离太远，你会被认为太冷漠；如果距离太近，又可能招致流言飞语，甚至可能要承担“性骚扰”的罪名。一般来说，如果不是自己创业，也不想砸自己的饭碗，那么，你最好不要与异性同事“亲密无间”。即使有些话是捕风捉影，也可能会对你造成某种不必要的麻烦。

服从不是盲从，也不是卑微，而是一种美德、一种品质。

第四节 不要触碰“高压电”

一、有些事情绝对做不得

有一位女大学生，在外人看来，她是一个很不错的学生，同寝室的同学也都是这样认为的，她成绩非常好，如果不出意外肯定是可以直升研究生的。但暑假的时候，她被发现多次盗用同寝室同学的存折，结果受到了校级的警告处分。后来，这样的一个处分所带来的后果不仅仅是直升研究生不可能了，就连要找个好工作也未必能如愿。

照很多人的话来说，如果这种行为只是一次，可能只是一念之差，可是偏偏是发生了那么多次，就很难得到别人的宽容了，这位女大学生也为此付出了沉重的代价。

人生活在这个世界上，有些事情是绝对不能碰的，一旦触碰就难以挽回。学生不能作弊、盗窃、沉迷网络荒废学业；老师不能误人子弟；当兵的不能临阵脱逃；生意人不能够贩卖伪劣产品；公务员不能贪赃枉法……

每个行业的人都要遵守每个行业的游戏规则。如果出了轨被发现，那么很可能就再也“混”不下去了：某大学教授因抄袭被免职；某奶业公司董事长因三聚氰胺被判刑；某原铁道部官员因违法违纪落了马，人生出轨……就是违反行业游戏规则的深刻教训。

人生是用来珍惜的，而不是用来惋惜的。远离“高压电”，不要一失足成千古恨，用一生的时间来弥补错误。

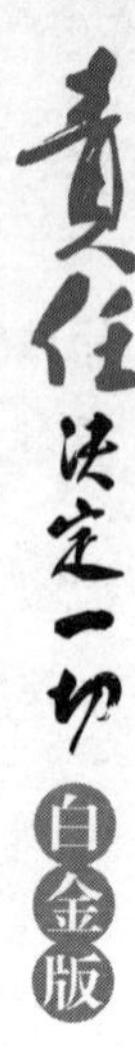

二、避开职业“高压电”

那么，除了那些非常明显的行业道德和规范，还有哪些游戏规则，一旦触犯了会导致“××很生气，后果很严重”呢？

1. 泄露组织秘密

商业有商业秘密，为了这个秘密，美国的可口可乐配方千金难求；国家有国家秘密，为了这个秘密，一个国家的核按钮必须处于高度保护之下；军队有军队的秘密，新型武器的研发、军事部署的调整一定处于高度的保密防范中……可见保密事关国家的兴衰、企业的成败、军队的强弱、战争的胜负。因此，保密纪律是一条不可触碰的“高压线”，如果谁无视保密规定和保密纪律，那就一定会受到纪律的严惩。

2. 公开内部矛盾

李沙因为对上司有意见，就写了一封措辞激昂的邮件在公司内部群发，这可是触犯了职场的“高压线”，再加上网络的放大效应，让全公司都知道了这个上司是如何飞扬跋扈。李沙虽然解了气，但同时也被这“超高电压”烤焦了，立刻被公司炒了鱿鱼。

内部矛盾要内部解决，不要暴露在公司同事、领导和客户面前，所以，即使私下里已经斗得不可开交，对外也要笑嘻嘻一团和气。

3. 卷入公司内斗

有个新进员工，人很聪明，很得副总的赏识，副总经常把他带在身边。但是这个公司的老板恰恰是重视忠诚甚于聪明的，所以在老板面前，他并不是很吃得开。一段时间之后，副总跳槽了，他在公司也就没了立足之地。

虽然在公司保持中立的想法在任何时候都不实际，但是一定要注意，如果你不是某个人介绍进去或者本来就是他的心腹，千万不要有试图成为哪个老板的“自己人”的想法。

即使你想接近某人，成为核心圈的一员，也注意不要当众献殷勤，这样会显得你很没有品格，被人鄙视。

4. 和老板或上司较劲

办公室来了个女同事，长得不错，家境也好，艺术类专业毕业，总之品位很好，穿着很讲究。而这个办公室的负责人则是个女强人，高龄剩女，有点像苏联影片《办公室的故事》里的那个卡卢金娜，而且绝对是影片一开始的那个形象，她还经常告诫同事们不要把大好的青春浪费在谈论口红的颜色和裙子的长短上。所以女同事一来到这个部门就引起了负责人的不满，女同事也是个倔脾气，不肯改变自己的行事风格，而且一开始还天真地想帮助负责人改变形象，结果可想而知：剩女一直不给她好脸色看，她的评分永远是最低的，在这种情况下，合同还没到期她就主动请辞了。

当然，和老板较劲的不仅有衣着，还包括学历、家世、配偶、孩子等一切会让对方自惭形秽的方面。不懂得善待老板是因为没有把自己当成老板，没有用热情去工作。这样下去，你可能会面临被炒鱿鱼的危险。

5. 办公室暧昧

办公室暧昧包括很多种，如办公室恋情、办公室性骚扰、办公室黄段子等。

除了一些大型国企喜欢肥水不流外人田内部解决之外，办公室恋情最好的结果就是一方离职，而比较差劲的，如秘书和已婚老板、男上司和女下属之间的暧昧。

比起办公室恋情你情我愿，办公室性骚扰的危害更大，2006年，北美丰田总裁大高英昭不仅因此下台，而且连累丰田赔偿女秘书小林纱弥1.9亿美元。

相对较轻的则是办公室黄段子，如果只在内部传播，影响的只不过是个人形象，如果被客户听到，这个人就有可能成为让公司蒙羞的罪人。

6. 表现得过于完美

沈梅是一个完美主义者，而且很聪明。但是在现实中，她常觉得自己吃力不讨好。她曾经对自己要求很高，即使头一天加班到凌晨，第二天也会准时上班，但是时间一长，别的同事颇有怨言，说老板把沈梅当标准来要求他们，于是沈梅成了众矢之的。

沈梅所在的公司是做平面设计的，面对的客户很难缠，在初始阶段，他们毫无想法，但是当你交出了设计，他们突然灵感泉涌，要求多多，而且不同层级的人给出的意见往往相左。一开始沈梅是费尽心思想满足所有人的要求，但这显然是不可能的任务，沈梅的完美主义彻底被打破了。

“水至清则无鱼，人至察则无徒。”“众女嫉余之蛾眉兮，谣诼谓余以善淫。”之类的教训可多着呢。适当地暴露些缺点，尤其是无关痛痒的缺点，让同事引以为同类，上司也认为你不会对他构成威胁，也是生存之道。

7. 占公司的小便宜

有这么一个人，每周五下班之前，他都会去趟厕所，把剩余的半卷卫生纸带回家；在单位的时候，他的手机只当呼机用，有电话打进来，挂断了，再用公家电话打回去，有时一打就是个把钟头；他还时常从网上下载些小说，然后打印出来，装订成册，最长的就是金庸的全套小说了，用的当然是单位的纸张和油墨了……这样的人肯定会受到同事的鄙视。

另外，上班时间干私活也是在占公司的便宜。一些人喜欢利用上班时间做自己私人的事情，打打私人电话、会会个人朋友、上网看电影、上QQ聊天，是在占用工作时间的便宜，同样是违反职业道德的。

每个行业的人都要遵守每个行业的游戏规则，一旦触犯，损失将难以挽回，我们要学会珍惜工作，远离职场高压电。

第五节 用制度保证制度

一、好的制度才有好的效果

制度是对人们行为的一种约束，是确保做事正确、行动有效、执行到位的有力武器。执行制度时，绝不能因人而异，也容不得关系、仁慈和怜悯，否则，制度只是个摆设。

制度是责任的保障，但是，并非所有的制度都能起到好的作用。我们需要的是用好的制度实现好的作用。

所以，在组织责任文化建设中，制度建设是不可或缺的重要一环。

制度的好与坏，一方面直接影响到制度所指向的事和物，另一方面也影响到执行制度的人。比如在财政支出领域，国家推行的国库集中支付制度改革，就是国家给你一定的用款额度到零余额账户，你用的钱数和用途，通过国库集中支付软件被财政部监控得清清楚楚，使一些想私设“小金库”、强化部门利益的单位和部门没有下手的余地，对于一些贪官污吏，他们更是投鼠忌器，不会肆无忌惮地拿国家的钱财。这叫制度的透明和刚性以及设计的规范性，真正规范了制度所指向的事和物。

像国库集中支付这样的制度就是非常好的制度。一项制度如果是坏制度，那么好人也就在坏制度下无法办好事，因为坏制度在阻碍好人办好事。久而久之，好人也成了坏人，也开始办坏事。正如俗话所说的："入芝兰之室，久而不闻其香；入鲍鱼之肆，久而不闻其臭。"坏制度会导致"管住了老实的、撑死了胆大的"的结果。

一个国家、一个社会、一个组织要稳定、健康发展，必须依靠各种有效的制度，好的制度是促进国家经济、社会和各项事业健康发展的根本保障。一个组织的文化建设必须有相应的制度建设相配套，不可或缺；文化促使组织成员"我愿意"，制度告诉组织成员"你必须"，双管齐下，才会切实保证组织成员负到责任。

17—18世纪，英国运送犯人到澳洲，按上船时犯人的人数给私营船主付费。私营船主为了牟取暴利，便不顾犯人的死活。每船运送人数过多，生存环境恶劣，加之船主克扣犯人的食物，囤积起来以便到达目的地后卖钱，使得大部分犯人在中途就死去。更残忍的是，有的船主有时一出海就把犯人活活扔进海里。英国政府极欲降低犯人死亡率，但如果加强医疗措施，多发食物改善营养，就会增加运输成本，同时也无法抑制船主的谋利私欲；如果在船上增派管理人员监视船主，除了大大增加政府开销外，也难以保证派去的监管人员在暴利的诱惑下不与船主合谋勾结。

最后，英政府制订了一个新办法，他们规定按到达澳洲活着下船的犯人的人数付费。于是，私营船主绞尽脑汁、千方百计让最多的犯人活着到达目的地。后期运往澳洲的犯人的死亡率相当低，最低时只有1%，而原来最高时竟达到94%。

这个故事说明一个好制度能够自行"区别真伪"，自行提供让人们诚实守信的引导与激励。对于好制度，即使有胆大包天之徒闯红线，也毕竟是少数。他们办的坏事也不能成气候，不至于影响和谐社会建设的进程。可是坏制度，使好人无法充分做好事，容易使人丧失信心，丧失良知和正义，使一个好人或者一小部分好人无法充分办好事或者走向反面。坏制度影响到一大部分好人甚至大范围的民众时，那是比天还大的事情。所以在制订、加强和完善各项制

度时，应当着力于增强制度的约束力，以期实现或者接近依靠制度使“好人不会变坏”、“坏人干不成坏事”的目标。

那么如何衡量制度好与不好，其标准是什么？这里的答案是：一种好的制度，应该具有完善、有效的机制和功能，能够调动组织成员的积极性，解放生产力，使生产力得到持续地发展；能够保障组织成员享有各种物质和精神权利；能够鼓励多出人才、出好人才，使人力资源得到充分运用。所以一个组织的各项制度究竟好不好、完善不完善，我们要按照这三条来检验。

中国几千年来强调的是人治，体现的是人情和伦理，构建的是一种家族式管理。新中国建立以后，经过艰难发展，突破“瓶颈”制约，社会主义现代化建设取得了举世瞩目的成就。如今，我们国家倡导建设法制型国家，“依法治国”成为基本国策。这是几千年来未有之大变局。现在，中国进入改革开放的重要时期，国家建设踏入了前所未有的机遇和挑战并存、问题和矛盾交织的“深水区”。因此，对于任何组织来说，“法”和“制”的建设显得尤为重要。

二、有章必循才会循章有效

有章不循，这样的“章”形同虚设；只有有章必循，才会循章有效。“热炉”法则向我们形象地阐述了执行纪律时惩处的原则：

a. 热炉火红，不用手去摸也知道炉子是热的，是会灼伤人的预防性原则。这就要求领导者要经常对下属进行规章制度教育，以警告或劝诫不要触犯规章制度，否则会受到惩处。

b. 每当你碰到火炉，肯定会被灼伤的必然性原则。只要触犯单位的规章制度，就一定会受到惩处。

c. 当你碰到热炉时，立即就被灼伤的即时性原则。惩处必须在错误行为发生后立即进行，绝不拖泥带水，绝不能有时间差，以便达到及时改正错误行为的目的。

d. 不管谁碰到热炉，都会被灼伤的公平性原则。对公平的追求来源于人类的天性，只有公平的制度才可能得到大家的认可及拥护。

e. 不管在任何时候碰到热炉，都会被灼伤的有效性原则。

热炉法则告诉我们：当人用手去碰烧热的火炉时，就会受到“烫”的惩罚。

罪与罚能相符，法与治可相期。每个组织都有自己的“天条”及规章制度，任何人触犯了都要受到惩罚。制度明确规定了该做什么，不该做什么，就好像是标明了在哪里有“热炉”，一旦碰上它，就一定会受到惩罚。只有这样，才能做到令行禁止、不徇私情，真正实现热炉法则。

三国时代孔明挥泪斩马谡的故事就是热炉法则的一个好案例。马谡是诸葛亮的一员爱将。诸葛亮在与司马懿对战街亭时，马谡自告奋勇要出兵守街亭。诸葛亮虽然很赏识他，但知道马谡做事未免轻率，因而不敢轻易答应他的请求。但马谡表示愿立军令状，若失败愿被处死，诸葛亮只好同意给他这个机会，并指派王平将军随行，并交代马谡在安置完营寨后须立刻汇报，有事要与王平商量，马谡一一答应。可是军队到了街亭，马谡执意扎营在山上，完全不听王平的建议，而且没有遵守约定将安营的阵图送回本部。司马懿派兵进攻街亭时，在山下切断了马谡军队的粮食及水的供应，使得马谡兵败如山倒，蜀国的重要据点街亭因而失守。面对爱将的重大错误，诸葛亮没有姑息，而是马上挥泪将其处斩了。

火炉面前人人平等，谁摸谁挨烫。诸葛亮不因马谡是自己的爱将就网开一面，从而保证了惩罚的平等性。事前预立军令状，做到了预防性。撤军后马上执行斩刑，体现了即时性。正是因为能做到

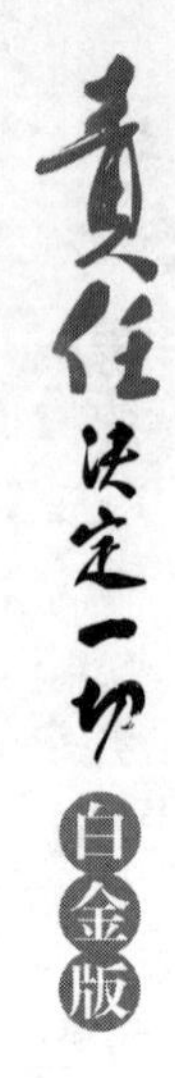

这些，才使蜀国在实力最弱的情况下存活了那么长时间，军队也保持了长久的战斗力。

华西希望集团的治企方针为："用钢铁般的制度严管企业，以慈母般的关怀善待员工。"陈育新董事长要求只执行规章制度，不允许搞下不为例，不允许打折扣。他认为，只有将"严格"上升到"严厉"的程度才能表达他"钢铁般"的本意。曾有人建议陈育新将"严厉"改为"严格"，但遭到陈育新的拒绝。华西希望集团的严厉体现在制度的制定、执行和检查上。在数年前，成都希望美好食品公司还是一个连年亏损几百万元的企业，在直接归属陈育新管理之后，第一年就转亏为盈，之后每年的赢利都以几百上千万元的速度增长，显示出强劲的发展势头。靠什么？靠员工"十不准"。这些戒规条款几近苛刻，但正是对它的严格执行养成了员工良好的习惯，从而保证了公司的高效率运行。

陈育新认为，严厉体现胆识，宽容则体现胸怀。严厉要体现公平，通过严厉不但可以消除不良现象，保证公司高效率运行，而且可以发现人才、造就人才。但是，宽容的前提是企业领导人的头脑必须清醒，糊涂的宽容非但达不到目的，还会对违反规章制度的行为造成包庇和纵容。必须让员工明白，宽容是有限度的，并且宽容只会发生在提高认识之后。陈育新强调，他多年企业管理的经验证明：在严厉基础上的宽容效果才好，在宽容之后的严厉才更有力度。

这些企业之所以做这样的规定，用意无非是希望全体员工在心目中形成一种强烈的观念：制度和纪律是一个不可触摸的"热炉"。

惩罚制度毕竟是手段而不是目的，使用过滥就会适得其反，相反，奖励制度却是大势所趋，制度的目的就是保证组织中的所有人努力创造业绩，而创造业绩的结果应该是受到奖励。组织制订和推行惩罚制度，关键是要遵循公开、公正、公平的原则，并从技能培训、组织文化建设和建立科学的奖惩机制入手，使大家心悦诚服、勇于担责。这样的话，即使是热炉，给大家的也就不仅仅是烫，而且会有温暖的感觉了。

三、完善制度才能长效管理

制度制订出来以后，不可一成不变，也要因地制宜，因时制宜，在必要的时候也可以略加改动。制度是否合理化，能否在最大限度上发挥其正面的作用，这仍然是一个组织应该特别注意的地方。

某电器销售公司给员工规定的标准是每月销售一百台电视机，才能拿到当月的奖金。在春节过后的一个月，由于居民的购买力下降，员工无论怎样努力都完不成指标，可是经理根本不理会这些，依然扣发了他们的奖金。这样一来，员工就不满意了，“电视销售不动又不是我们的错，本来就是销售淡季嘛……”但是，经理依然不予理睬，无奈之下，很多员工都辞职去了别处，公司的业务发展因此受到了很大的冲击。

按照绩效管理的原则，指标任务是不能随意改变的，但绩效管理原则中也包含一条：标准的修订。外界环境发生了重大的变化，考核标准应该随之改变，这才是明智之举。像上述这家公司，完全可以在淡季时降低销售标准，例如规定每月销售六十台就可以领取奖金；在旺季时再提高标准，比如每月销售一百五十台才算达到要求。这才是原则性与灵活性的统一。

在许多组织中，存在很多不合理的规定，这些规定若不加以改革或废止，是很难令人遵守并加以实行的，而且会带来很大的

副作用。

不断完善纪律和规章制度，是组织不能忽视的一项工作。

规章制度的建立、制订是随着生产的发展和组织的进步而不断改变的，而不应该是一成不变的。在过去的生产规模、生产条件下，某项规章制度可能是很完善的，但由于要适应新的形势及新的生产经营方式，许多旧的规则可能会因此出现各种各样的漏洞，这时就要求领导者及时废止，重新制订或者加以合理补充，建立新的符合时宜的规章制度。千万不要故步自封，刻舟求剑，否则往日规章将会随着时日的变迁而脱离现实，最终影响企业的发展。

制度是责任的保障。在组织责任文化建设中，制度建设是不可或缺的重要一环。

第六章

责任落地　重在结果

——责任成果的获得

第一节　什么是成果

一、态度≠成果

二、职责≠成果

三、苦劳≠成果

四、过程≠成果

第二节　对成果负责

一、坚守承诺

二、不找借口

三、外包思维

四、决不放弃

第三节　一对一责任

一、大家做=没人做

二、责权利=好结果

第四节　成功有要领

一、坚决完成任务

二、思路决定出路

第五节　赏罚适其法

一、小信成则大信立

二、杀贵大而赏贵小

三、多给萝卜少施棒

四、及时兑现莫逾时

第一节 什么是成果

成果指收获到的果实，即“成功”而非“失败”的结果，指学习、劳动、工作、事业方面的成效、成绩、成就。

人们不断努力，是希望获得期望的、有价值的成果，而不是结果(成功和失败都是结果)。更确切地说，承担某种责任后所得到的相应成效、成绩、成就应该叫责任成果。

一、态度≠成果

高进教育是国内一家知名的管理教育培训公司，新年伊始，为了更好地开拓新业务，需要编译两万本宣传册。由于时间紧、要求高，公司的编辑们手头上又各自有活，一时腾不出空来。刚应聘上岗的办公室文员小斯看到这一情况，主动请缨，由他负责编印宣传册。小斯仔细认真地编写宣传册，并反复确认宣传册内容，为了赶进度，他连续一个星期每天加班加点工作到深夜，终于使宣传册如期印刷。总经理开会表扬了小斯，可就在表扬会上，大家都在欣赏这本漂亮的宣传册时，有人指出，宣传册上把总经理的名字写错了，而且将2010年错写成了2009年。总经理说，我们是培训别人的，我们自己不能犯这样低级的错误，必须重新印刷。

在这件事上，很多人都会认为，虽然小斯犯了错，但是鉴于小斯态度好，愿意主动承担责任，仍然是值得赞赏的。诚然，对小斯的领导而言，小斯的态度是好的，他在大家焦头烂额时主动请缨，他为了保证宣传册的进度与质量，加班加点，可是，对公司而言，宣传册重印，不仅浪费了不菲的费用，时间也被耽误了。可以说小斯办了一件费力不讨好的事情：全部的资料因为他的疏忽变得毫无价值，应该说他的工作是只有结果而无成果。如果再进一步往深深层次说，小斯没有尽到自己的工作职责，因为他的工作结果不是他期望的成果，也不是这份工作需要获得的成果。

中国人，凡事都喜欢讲个情字，认为某个人只要态度好，就算犯了错，也值得原谅，可是，经济社会，如果把感情和责任混为一谈，可能的结果就是纵容更多的人放弃承担责任，而放弃责任的结果就是无法实现经济目标。我们都是消费者，如果你发现你买的奶粉有毒，你会因为生产商在生产这批产品时态度好、任劳任怨、加班加点而原谅他们的罪行继续购买这批奶粉吗？如果你是购房者，你买的房子倒了，你会因为建筑工人们几百个昼夜的辛勤劳动而为已经化为瓦砾的房子买单吗？如果你购买了一台电视机，商家送货上门的路上摔坏了，你会因为他们向你道歉就付款吗？任何人，都只会为得到了既定的成果买单！

我们一定要善于辨别成果的假象，明确“态度≠成果”：没有成果，态度再好也没有实际意义！

当然，这里不是说态度就不重要了，在很多时候，责任的承担也是态度决定的、结果的好坏也是态度决定的。但光有好态度并不一定会有成果。同时，也常常有用伪善的好态度来逃避责任和不良后果的行为发生。

领导将一份工作交给甲、乙两个能力相差不多的人，面对同样的工作，甲积极主动，做事认真，对工作完全投入；乙拖拖拉拉，工作毫无主次，不敢承担责任，对工作中的各个环节认为差不多就行，不力求尽善尽美。结果，甲取得了超乎老板预想的完美成绩，乙却连本职工作也完不成。

以上结果为什么会相差如此之大？关键是因为两个人的工作态度不同。工作态度不同，决定了工作结果不同。从这个意义上说，甚至可以得出“态度=结果”和“好态度=好结果”的结论。

那么，我们到底该如何理解态度和结果之间的关系？两点：态度很重要，优秀的态度产生优秀的结果；态度是为结果服务的，成果才是目的，没有成果，态度就一文不值。

二、职责≠成果

中国游客到俄罗斯去旅游，看到一个人拿着一个铁锹拼命地在地上挖坑，他后面跟着的一个人就把他刚挖完的坑填上。游客感到很奇怪，就走上前去问他们在干什么？

那人说：“我们在种树啊！”游客更觉得奇怪了：“种树？为什么你在拼命地挖坑，他在拼命地填土，没看到有人种树啊？”那个俄罗斯人解释说：“我们种树本来有三个人，我的职责是负责挖坑，他的职责是负责填土，我们中间放树苗那个人今天没有来，是他没有尽到职责……”

难道只是放树苗那个人没有尽到职责吗？挖坑那个人有没有尽到职责？填土那个人有没有尽到职责？挖坑的、填土的，表面上都负责了，但对成果负责了吗？对整个系统工作负责了吗？你所在的组织里面会不会出现这种情况呢？这不是我的责任，我是负责挖坑的！这不是我的责任，我是负责填土的！但是工作中最重要的是什么？是要完成植树这个结果！所以大家都对职责负责，但没有人对成果负责。

所以，不仅要对自己的职责负责，更重要的是要对整体成果负责，有整体意识、成果意识，才可以说负起了真正的责任。没有成果意识，职责不仅是一纸空文，而且会产生反作用。

在中国各地都有一种现象：刚刚修好的路没有几天就挖开；填好了没过几天又挖开。为什么呢？因为每次都有不得不挖的理由。尽管这种事被反复批评，结果却是这类事情有增无减。

原因在于：修路的只管修路，埋管的只管埋管，电力的只管电力，通讯的只管通讯，于是解决办法只有不停地挖了填，填了挖。

产生这种现象的根源是什么呢？根源就在于职责和成果是脱节的。中国人和俄罗斯人犯的是同样的错误，没有用系统思维整体规划。

在组织中，岗位职责不清晰势必会出现推诿扯皮的现象，从而削弱了组织的执行力，但是如果岗位职责过于明确，就会出现各扫门前雪的情况，而忽略对成果的负责。

回头看看，"责任明确"是一副看起来好吃的毒药。结果是管事的人多了，事却没人管了。要解决这个问题，必须明确：职责≠成果。

三、苦劳≠成果

在企业里，总有一些人喜欢说："我没有功劳，也有苦劳，没有苦劳，也有疲劳。"这句话不知道你的老板认不认？但市场肯定不认。

一个农民买了良种种了一地西瓜，因为勤施肥、勤照料，西瓜长得很好。但天有不测风云，一夜冰雹，把农民精心种植的希望打为一地西瓜汤，农民号啕大哭一场后，发现还有一个西瓜因为躲在石头下"幸免于难"。于是他精心呵护这个西瓜。终于等到它成熟了，他捧着这个西瓜来到集市。请问：他这个西瓜卖多少钱合适？现实的情况是，人家一个西瓜卖两块钱，他这个西瓜也只能卖两块钱。他难道可以说，如果没有那场冰雹的话，我的所有收成根据市

场价格值一万块钱，所以这个西瓜就卖一万块吗?

道理就是如此简单，如果你没有成果，市场不会为你的辛苦买单。

古罗马皇帝哈德良对这一问题的认识非常深刻。一次，跟随他多年征战的一位将军对他说:“我应该升到更重要的领导岗位，因为我沉于战事，经验丰富，参加过十几次重要战役。”哈德良皇帝知道这位将军在这些重要战役中发挥的作用极其有限，并不认为他有能力担任更高的职务。

于是，哈德良皇帝随意指着拴在周围的战驴说:“亲爱的将军，您好好看看这些驴子，它们至少参加过二十多次重要战役，可它们仍然是驴子。”这位将军不禁羞红了脸。

其实工作也一样，人在工作中没有苦劳，只有功劳。经验与资历固然重要，但这并不是衡量能力的标准。有些人所自诩的十年业界经验，不过是一年经验重复十次罢了。年复一年地重复一种工作，固然很熟练，但可怕的是这种重复已然阻碍了心灵的成长，扼杀了想象力与创造力。他们的工作是有苦劳而没成果。

老张是一家公司的财务总监，享受着优厚的待遇。论资历在公司很少有人能与他相比，这也养成了他居功自傲的习惯，平时也不注重学习。

后来，财务部新进了一名大学毕业生，很快让老张感到了一种压力，一种前所未有的恐慌。因为这位大学生是财务、营销、外语、电脑样样精通，工作能力特别强。经过一番计划，老张决定尽量不让她接触核心业务，甚至连电脑也不让她碰，还美其名曰:“专人专用”，处处为她设置障碍，对她实施“全面遏制”政策。

可这也没有难倒这位大学生，一支笔、一把算盘，经她手的账目照样做得漂漂亮亮的。相反，老张自己做的一些项目却频频出错。几年后，当年的大学毕业生忍辱负重，工作上一丝不苟，精益求精，凭着大家有目共睹的工作成绩当上了财务总监，而老张被免了职，还差点下了岗。

俗话说：革命不分先后，功劳却有大小。企业需要的是能够解决问题、勤奋工作的员工，而不是那些曾经作出过一定贡献，现在却跟不上企业发展步伐的员工。让成果说话，没有任何理由。

史玉柱让每一个员工明白，评价做事的成果，最终凭的是功劳而不是苦劳。公司只有一个考核标准，就是量化的结果。正是以结果论英雄，他才锻造了一个强有力的队伍。

四、过程≠成果

对成果负责，是对我们工作的价值负责；而对过程负责，是对工作的程序或流程负责。过程≠成果！

成果和过程是相对而言的，注重过程就是每一个中间环节都要到位，其实就是每一个中间环节都要有最后的好结果，所以，对过程负责也是对成果的一种负责。从这个意义上说，注重过程和成果导向两者是统一的。

之所以要强调成果导向，是因为对过程负责往往容易走过场，搞形式主义，“做过了”而不是“做到了”，就没有我们希望出现的好结果。经常是“我跟他们说过了”的现象，至于结果如何就不得而知了。有一次培训，公司人没到齐，老板发火了，秘书说我发过通知也打过电话了，他们答应来结果没有来，这不是我的责任。这就是由于秘书不对成果负责的结果。

一位培训老师给一家企业做培训后，按企业的要求当场让他的助理给公司总经理发一封重要邮件。但一个月过去了，总经理却迟

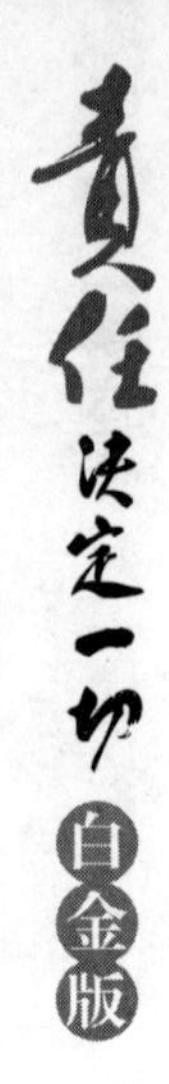

迟没有收到，当总经理每次询问情况的时候，这位助理的回答都可以证明他不是无所作为。

第一次回答：“没给你发？噢，我是要给你发的，但我忘了。”

第二次回答：“让另一个同事发了。”

第三次回答：“没有电脑，因为电脑坏了。”

第四次回答：“没有上网，因为网不正常。”

第五次回答：“邮件太大，发不过去。”

第六次回答：“老师要整理一下再发。”

第七次回答：“老师太忙没有整理好。”

第八次回答：“老师生病了。”

第九次回答：“老师说不发了。”

总经理无法考证这些过程是否存在，但结果就是承诺的事情没有做到。

成果导向要求过程也要以成果为导向。几乎所有组织都面临着无数的“我已经做过了”的“过程”，如果你不能制止这些“过程”的蔓延，那么你就会被这些“过程”所淹没，“过程”就会造成整个组织的瘫痪。我们要的成果就是该参加培训的人都必须按时到位、该发出的邮件按时发到并让对方看到。成果导向可以避免我们普遍憎恶的种种借口。

一个人的一生其实是很短暂的，如果没有一个清晰的规划，不能做到凡事务求有成果，那么很可能一生碌碌无为、无所成就，因此我们要认清什么才是“成果”。

第二节 对成果负责

一、坚守承诺

如果说每个人都会在心灵的沃土上播种一颗叫“承诺”的种子，那么，浇灌它的一定是一种叫做“坚守”的肥料！

人生似舟，承诺是推动它向前的波澜；人生如瓶，承诺是装点它美丽的花朵。在生活中，只有有了承诺，才会使我们不断实现目标；在实现中，我们才能找到生的意义和伟大……所以我们需要承诺。

然而，承诺是靠坚守来完成的！

从小到大，我们的承诺有多少个，恐怕没有人能说清吧？对父母，我们承诺过；对老师，我们承诺过；对朋友，我们承诺过；对恋人，我们也承诺过！可是，能够坚守自己所承诺过的每一件事的人又有几个呢？对于一些人来说，承诺就像流星——总是一闪而过，然后消失……但是，坚守承诺却是那么重要！

一天下午，五六个小男孩儿在克里姆林宫红场上玩军事游戏，他们分别扮演青年近卫军的上校、中校、少校和大尉等军官。这时，“上校”命令一个叫安德烈的“少校”：“你在这儿担任警卫，站岗放哨。没有人来接班，不准下岗回家。”安德烈胸部一挺，立正，大声回答:“是！遵命！”

夜幕渐渐降临，游戏中的孩子陆续回家，因为没人来接安德烈的班，夜色中的他仍然站在寒风中纹丝不动。

这时候，红场上的卫兵伊万看见了，就走过去问：“孩子，你站在这儿干什么啊？天已黑了，天气又冷，快回家吧！”不料，安德烈坚定地说：“我不是小孩儿。我是青年近卫军少校，在这里站岗。接班的人没有来，我是不会走的。”伊万一听，乐了。知道孩子们在玩军事游戏。他碰到了一个办事认真、讲诚信的孩子。于是灵机一动，“啪”的一声立正，向安德烈行了个军礼大声说：“报告少校，卫兵伊万奉命来换岗。请少校回家吧！”“少校”听了，满意地笑了。回了个军礼后，便蹦蹦跳跳地回家了。

当我们初听这个故事时，第一感觉是不是觉得安德烈是一个很较真、很倔的孩子？他竟然把游戏当真了。但细细思忖一下却不禁对安德烈产生敬佩。他的诚信和执著震撼了很多人。如果一个孩子在平时的游戏中都那么讲诚信，那他平时在生活中对人对事也肯定是十分负责、十分讲诚信的。长大了他必定是一个高尚、杰出的人才。诚信是人生诸多优秀品质中最可贵的！

在纽约的河边公园里矗立着“南北战争战亡战士纪念碑”，每年都会有许多游人来祭奠亡灵。美国第十八届总统、南北战争时期担任北方军统帅的格兰特将军的陵墓，坐落在公园的北部。陵墓高大雄伟、庄严简朴。陵墓后方，是一大片碧绿的草坪，一直绵延到公园的边界、陡峭的悬崖边上。

格兰特将军的陵墓后面，更靠近悬崖边的地方，还有座小孩子的陵墓。那是一座极小、极普通的墓，只有一块小小的墓碑，你都可能会忽略它的存在。在墓碑和旁边的一块木牌上，却记载着一个感人至深的关于诚信的故事：故事发生在两百多年以前的1797年。这一年，这片土地的小主人才五岁，就不慎从这里的悬崖上坠落身亡，其父伤心欲绝，将他埋葬于此，并修建了这样一个小小的墓，以作纪念。数年后，家道衰落，老主人不得不将这片土地转让。出于对儿子的爱，他对今后的土地主人提出一个奇特的要求，他要求新主人把孩子的墓作为土地的一部分，永远不要毁坏它。新主人答应了，并把这个条件写进了契约。这样，孩子的墓就被保留了下来。

沧海桑田，一百年过去了。这片土地不知道辗转卖过了多少次，也不知道换了多少个主人，孩子的名字早已被世人忘却，但孩子的墓却依然在那里，它依据一个又一个的买卖契约，被完整无损地保留了下来。到了1897年，这片风水宝地被选中作为格兰特将军陵园。政府成了这块土地的主人，无名孩子的墓在政府手中完整无损地保留了下来，成了格兰特将军的“邻居”。一个伟大的历史缔造者之墓，和一个无名孩童之墓毗邻，这可能是世界上独一无二的奇观。

又一个一百年过去了，1997年的时候，为了缅怀格兰特将军，当时的纽约市长朱利安尼来到这里。那时，刚好是格兰特将军陵墓建立一百周年，也是小孩儿去世两百周年的时间，朱利安尼市长亲自撰写了这个动人的故事，并把它刻在木牌上，立在无名小孩儿陵墓的旁边。让这个关于诚信的故事世世代代流传下去……

坚守承诺是对自己所作承诺的一种尽责。说到做到，是诚信的体现，诚信是人、企业和其他一切组织的基石。

坚守承诺应该是一种自愿的行为。对不愿意做的事情，或明知做不到的事情，千万不要口是心非，不要曲意逢迎，更不要自欺欺人去承诺，否则，必将害人害己。

坚守承诺也是一种自律。他人相信你的承诺是基于你的诚信。承诺创造了别人度量自己的一个标准，承诺是体现自己言行一致的方式。“诺”就像宣言，是他人用来检视你“承”的标准。因此，只“承”不“诺”从某种意义上说，就是不敢宣布一个标准出来，不让他人有评估自己的机会。愿意承诺的人，一定是一个严格自律的人，愿意用承诺的内容来要求自己、约束自己、告诫自己、警醒自己，言必信，行必果。因此，当自己为生命定下一个承诺后，需要用一生的行动来完成。

孔老夫子说：“人而无信，不知其可也。”意思是说，做人没有诚信，不懂得基本的行为要求不行。信口开河，言而无信，是对诚信最大的亵渎；敢于宣言，兑现承诺，是务实诚信的根基。

二、不找借口

在美国西点军校，有一个广为传诵的悠久传统，学员遇到军官问话时，只能有四种回答：“报告长官，是”，“报告长官，不是”，“报告长官，不知道”，“报告长官，没有任何借口”。除此以外，不能多说一个字。

“没有任何借口”是美国西点军校二百年来奉行的最重要的行为准则，是西点军校传授给每一位新生的第一个理念。它强化的是每一位学员必须想尽办法去完成任何一项任务，而不是为没有完成任务去寻找借口，哪怕是看似合理的借口。秉承这一理念，无数西点军校毕业生在人生的各个领域取得了非凡成就。

平庸者为什么平庸？成功者为什么成功？因为成功者把责任看成动力、平庸者把借口当成习惯！

真正的成功者，是有责任感的。大到对社会的责任，小到对自己和家人的责任。因为明白自己的责任所在，所以对自己人生的每一步都会有仔细的考虑，不计较个人的一点得失，也不计较个人一时的成败。一个人一旦有了责任感，同时也便有了使命感，在这两者的支持和驱使下，人往往能够生出一股力量朝着想要实现的目标努力。这其中可能会经历许多挫折、痛苦和磨难，但一想到要尽一份责任，也就显得无所畏惧了。

也正是因为责任，使成功者在任何时候也不会选择放弃，也不为自己的弱势寻找任何借口。他无论在什么情况下，都会积极主动地寻找解决问题的办法，不说苦，也不说累，总是以饱满的态度面对人生旅途上的每一个“不”，在任何时候，无论自己的身体如何，压力怎样，都会很乐观地面对与应对，不会有丝毫的抱怨。

成功者，把责任看做前进的动力，而不是包袱。只要是在这个世界上生活的人，就要扮演一定的社会角色，就一定会有社会和家庭赋予这个人的责任，这是任何人都无法逃避的。责任也是成功者为人处世的标尺。有这把尺子存在，就知道什么事情应该做，什么事情不应该做，真正能从社会伦理和人性高度去自觉管理自己，对于获取财富也秉承“君子爱财，取之有道”的原则。

相反，平庸者普遍缺乏责任感：对他人表现得极度自私，对个人利益斤斤计较；对自己则表现在习惯不劳而获，缺乏追求和理想，不想付出也不愿付出，空虚无聊、不思进取，并且可以容忍自己做不好，做错任何事情，都不会考虑该负什么样的责任。

平庸者认为，一个人如若有了责任感，想对自己或他人负责，那么他一定会活得很累。相反“无责一身轻”的人，活得可能就很自在。但不可忽略的是，这种自在是暂时的，是需要付出代价的，并且可能是很沉重、惨痛的代价。因一时的痛快、愉悦而荒废了自己的生活，留下永远挥之不去的痛苦和阴影，这责任卸得就好像有点得不偿失。

平庸者因为害怕要负责任，所以对自己要做的一件事情就多方位、多角度地来考虑，瞻前顾后，患得患失，这样必定要受到许多条条框框的约束，最后还是选择了不求有功，但求无过。他们宁可选择毫无出路的老路，也不选择带有责任的新路，结果就是在老路上穷死、饿死。

平庸者因为没有责任感，宁可重复也不去改变。时代在改变，如果不能适应时代改变而改变，就是最大限度的不负责。对平庸者

自己而言，是一种慢性自杀；对社会而言，则是一种累赘。

平庸者也正是因为没有责任感，所以总是毫无原则地做一些事情，杀鸡取卵，为非作歹，为虎作伥，去伤害他们赖以生存的自然环境和社会环境，最终必将遭受惩罚。

试想，如果今天把平庸者和成功者的财富重新分配，三年后情况如何？拥有更多财富的还是那些成功者，而平庸者的财富相比较就缩水了。

要成为成功者，就不要有任何借口：不要为错误找借口；不要为失败找借口；不要为做不到找借口；不要为做不好找借口。

坦桑尼亚的奥运马拉松选手艾克瓦里吃力地跑进了奥运体育场，他是最后一名抵达终点的选手。

这场比赛的优胜者早就领了奖杯，庆祝胜利的典礼也早已结束，因此艾克瓦里一个人孤零零地抵达体育场时，整个体育场几乎已经空无一人。艾克瓦里的双腿沾满血污，绑着绷带，他努力地绕完体育场一圈，跑到终点。在体育场的一个角落，享誉国际的纪录片制作人格林斯潘远远看着这一切。接着，在好奇心的驱使下，格林斯潘走了过去，问艾克瓦里，为什么这么吃力地跑至终点。

这位来自坦桑尼亚的年轻人轻声地回答说：“我的国家从两万多公里之外送我来这里，不是叫我在这场比赛中起跑的，而是派我来完成这场比赛的。”

没有任何借口，没有任何抱怨，职责就是他一切行动的准则。

“没有借口”看似冷漠，缺乏人情味，但它却可以激发一个人最大的潜能。无论你是谁，在人生中，无须任何借口，失败了也罢，做错了也罢，再妙的借口对于事情本身也没有丝毫的用处。许多人生中的失败，就是因为那些一直麻醉着我们的借口。

杜绝借口，成果导向，让我们走向成功！

三、外包思维

外包思维就是“只看结果，不看过程”。只有提供令人满意的成果，对方才会付费；做事过程中无论多辛苦、多艰难，没有成果就是零；员工工作时也要把自己设想成一家外包的“专业公司”去思考：我为了让你付钱，必须提供满足你要求的成果，什么样的产品和服务才能让客户付费？

华为的老总任正非说过：放下一点狭隘的主人翁精神，多一点儿雇佣感，这就叫职业化。你越具备这种思维，你就会越职业、越独立、越强大。

当员工在面试的时候，他的客户意识是最强的；当员工在试用期的时候，他的努力程度是最好的；当员工转正后，特别是半年后，就会慢慢松懈下来。为什么？因为是自己人了呗。

员工成为自己人后反倒工作质量下降了，责任不能全在员工身上，或者说主要责任不是员工的。因为人没有改变，改变的是身份。

如果我们把员工当成另一家公司，由员工自我经营，那么，真正支配员工行为的，是他自己。面试时，公司和员工是“两家公司”，试用时，公司和员工是“两家公司的考验期”；员工被正式录用后，两家公司变一家公司，是自己人了，自己人还能不讲“亲情”吗？

所以，什么样的工作身份能够保持员工面试时的最佳状态呢？那就是外包思维——内部人的位置，外部人的思维。让每一个员工都明白：“企业不提供就业保障，只提供就业机会。”企业只是给你一次机会，但抓住这个机会只有靠你提供令人满意的成果。

所以在工作中，要多问自己：老板需要什么？我怎么才能提供老板需要的？假如我是另外一家公司，我该如何做？

四、决不放弃

说到“决不放弃”，不得不说丘吉尔，因为丘吉尔那著名的关于“决不放弃”的演讲实在是太经典了。

1948年，牛津大学举办了一个主题为“成功秘诀”的讲座，邀请丘吉尔前来演讲。演讲那天，会场上人山人海，全世界各大媒体都到齐了。

丘吉尔用手势止住雷动的掌声，说：“我的成功秘诀有三个，第一是绝不放弃；第二是绝不、绝不放弃；第三是绝不、绝不、绝不能放弃！我的演讲结束了！”说完他就走下了讲台。

会场里沉寂了一分钟，突然爆发出热烈的掌声，那掌声经久不息。

著名篮球明星迈克尔·乔丹的一句话也同样经典：“我可以接受失败，但我不能接受放弃！”可能很多人会不解，失败和放弃有什么区别？没有经过努力就不做了，那叫放弃；而失败则是——我已经全力以赴，该做的全部都做了，该尝试的办法都已经尝试了，但结果还是不理想，这时候可以心甘情愿地接受，因为努力了，也就无怨无悔了。

一位大学篮球教练，在一个很差的大学球队执教，这个球队因为刚刚连输了十场比赛，原来的教练被开除了。这位新教练给队员灌输的观念是：“过去不等于未来”，“没有失败，只有暂时停止成功”，“成功者永不放弃，放弃者绝不成功”……

结果第十一场比赛打到中场时，球队又落后了三十分，休息室每个球员都垂头丧气，教练问道：“你们要放弃吗？”球员嘴上说不放弃，可肢体动作表明已经承认失败了。

教练就开始问问题：“各位，假如今天是篮球之神迈克尔·乔丹遇到连输十场，在第十一场又落后三十分的情况下，他会放弃吗？”球员道：“不会放弃！”教练又问：“假如今天是拳王阿里被打得鼻青脸肿，但在钟声还没有响起、比赛还没有结束的情况下，他会不会选择放弃？”球员答道：“不会！”教练又问：“假如发明电灯的爱迪生来打篮球，他遇到这种状况，会不会放弃？”球员回答：“不会！”教练问他们第四个问题：“那么，杰里呢？杰里会不会放弃？”这时大家都很疑惑，有人举手问：“杰里是哪门子人物，怎么连听都没听说过？”教练带着淡淡的微笑道：“这个问题问得非常好，因为杰里以前在比赛的时候选择了放弃，所以你们从来就没有听说过他的名字！”

只要你不放弃，你就有机会；只要放弃，你肯定是不会成功的人(任何成功都是需要付出代价的，没有代价能算成功吗)。这就是成功的秘诀。“决不放弃”绝非一句口号，而是植根于内心的一种信念和品质，是百折不挠、始终坚守的一个信条；是在任何情境，遭遇任何打击，决不言败的韧性；是必须实实在在，毫不含糊贯彻落实的行动；是一个组织中没有任何东西可以替代的制胜文化。

作为生态建设发展中心主任的刘杨，时刻牢记着她的使命：指导城镇开展生态建设，发展生态经济，营造生态环境，培育生态文化，打造具有中国特色的生态城镇。

但城镇化建设在走上迅猛发展快车道的同时，也带来了生态的严重破坏，资源过度利用，城镇文化遗产遭受破坏，以及环境严重污染等问题。在现实面前，要走出一条城镇与生态、城镇与农村、城镇化与新型工业化协调发展之路、持续发展之路，困难可想而知。每当有丝毫的畏难情绪抬头，刘杨总是问自己一个问题：难道西方发达国家走过的先污染后治理、先蔓延后整治的老路，我们再重演一遍？

强烈的责任感让刘杨毫不退缩，一往无前，决不放弃。经过多年的探索，刘杨和她的同事们在各级领导的支持下，终于找到了

"第三空间"这一品牌之路，并且在现代休闲城项目中获得成功，成为城镇化建设中的一朵奇葩。

坚守承诺、没有借口、决不放弃是人生走向成功的基石。

第三节 一对一责任

一、大家做=没人做

心理学家曾经做过一个研究，他们让一个人在大街上模拟癫痫病发作，如果只有一个旁观者在场时，病人得到帮助的概率是85%，而有五个旁观者时，他得到帮助的概率却会降低到31%。在另外一次实验中，他们让一座建筑物的门底冒烟，如果只有一个人的时候，这个人会有75%的概率报警。然而在同样的冒烟事件中，如果看见冒烟的是三个人，报警的概率就会降到38%。

这样的实验似乎与我们的常识相反。在我们看来，千斤重担众人挑，人多力量大，出现问题的时候，自然是人多更容易解决。比如在大街上，有人打你，你呼喊救命，大街上人越多，你获救的机会就越大。

但科学实验得出的结论与我们的常识相反：在旁观者越多的情况下，你得救的几率越小。为什么？这涉及群体或组织环境中的责任界定问题。三个和尚没水喝，不是因为和尚懒，也不是因为挑水这件事不重要，而是因为没有一个明确的责任界定。

很多人通常认为：很重要=大家做，大家做=人人做，人人做=我要做。而实际情况是：大家做=别人做，别人做=我不做。都这么想，结果就是，大家做=没人做。

人越多的情况下，人越感到这件事与我无关。人越多，越没有责任！一件事情，越是有很多人做，越是没有人认真去做。所以，

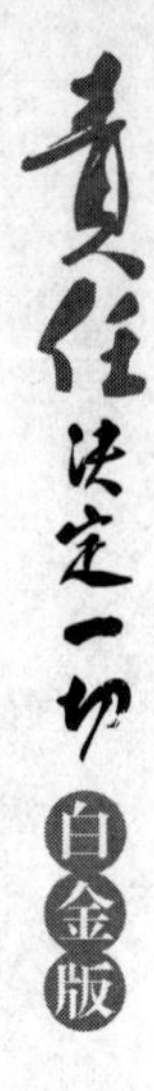

要让每个人负到责任，必须责任到人。只有“我”的责任，没有“我们”的责任。这就是“天下兴亡，匹夫有责”要改为“天下兴亡，我的责任”的原因所在了。

“上个月我们的业绩不好，这个月我们部门要加油，小刘你的目标定在三万，小张你的目标定在四万……”

“小王，你来负责做这个整体策划方案，你可以找小李要相关资料。但是，你要负总责。”

“张副总，这件事很重要，马虎不得。误了事，唯你是问！”

只有责任到人，主动承担责任而不是推卸责任，才会得到组织、领导、同事的认可，更多的认可会给我们带来更多的发展提升的机会，更多获取财富的机会。

二、责权利＝好结果

责权利指的是：负有什么样的责任，就应该具有相应的权利，同时应该取得相对称的利益。一般都说只要责权利对等，就能调动积极性，就能获得好的结果。相反，如果责权利失去平衡或者失去监督的话，那后果是非常严重的，影响一定会很恶劣。

党政机关问责的一个怪现象：极个别地方是书记说了算，出了问题却追责行政领导；一把手决策，出了问题却追责副职；上级部门部署的工作，出了问题却追责执行人……好像已经成了不成文的规则。这种现象的存在，势必影响到追责的公正性，影响到执行者工作的积极性，影响到人民群众的利益，影响到党和政府的威信。

那么，责权利到底是个怎样的概念呢？

责，简单地说，就是分内应做的事，即责任、职责。在工作中，我们每个人应各司其职，各负其责。工作就意味着责任，工作与责任同在。

权，就是权力，是指个人职责范围内的支配力量，它是实现责的条件，管理者要具有与所承担义务相应的权利，才能使它的能动性和作用充分发挥。从管理角度上讲，并不是地位高的人管理职位低的人，而是每一个人都被自己的职责所管理，只有这样，在工作中，才能更好地发挥每个人的主观能动性，创造出更多、更好的价值。

利，就是利益，也就是得到的好处，利益有物质的，也有精神的。换句话说，利是组织完成其目标后，每一个组织成员应获得的正当利益。

综合来说，“责权利”就是责字当先，以责安权，以责定利，责到利生，它们是一种相辅相成、相互制约、相互作用的对立统一关系。

因此，在实际工作中，一定要贯彻“责权利相结合”、“责权利对等”或“责权利一致”的原则并遵循“责权利统一”机制，具体要求如下。

(1) 责权利三位一体，即责任、权力、利益均统一于责任承担者一体，责任者既是责任的承担者也是权力的拥有者和利益的享受者。

(2) 责权利互相挂钩，使组织成员能够有责、有权、有利，克服有责无权或有责无利的责权利脱节状况。

(3) 责权利明晰化，使组织成员知道具体的责任内容、权力范围和利益大小。

于是，公司上下，各司其职，各有其权，各安其利，唯有如此，才能保证组织健康发展。

如果人人都能干好分内的事，于己于人功莫大焉。

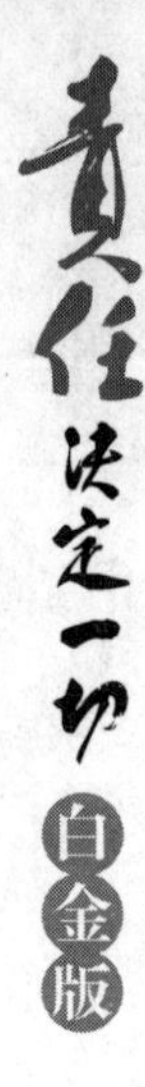

第四节　成功有要领

一、坚决完成任务

军人在战场上接受上级命令时，经常有一句标准的语言："坚决完成任务！"

所谓"坚决完成任务"，就是无论遇到怎样的艰难险阻，也一定要完成任务。坚决完成任务的军队，一定会攻无不克，战无不胜！

员工队伍是一拨人，军队也是一拨人，相比之下，为什么前者往往松松垮垮、我行我素，后者军令如山、众志成城？面对困难和挑战，为什么前者敷衍了事、搪塞推诿，后者前赴后继、责无旁贷？军队有什么神奇的力量？这种力量叫"一定要！"

如果员工能够坚决服从领导指令，坚决执行企业的既定方针和策略，面对困难永不言败，面对挑战迎头而上，并且在执行中注重配合，讲究协作，那么这个企业就具有超强的战斗力。

很多人在办事的时候，你问他："能不能达成任务?"他总是说："我争取吧!"当我们听到这句话，就觉得他十有八九做不到。争取？这是非常没有信心与决心的表现。

从今以后，千万不要轻易讲"争取"这两个字，要讲"全力以赴"、"一定要"才会帮你真正全力以赴，而不只是争取而已。

一个人不是"一定要"的时候连小石头都可挡住他的去路，当"一定要"的时候再大的障碍都挡不住他想要的结果！英特尔总裁葛鲁夫写了一本著名的书——《只有偏执狂才能生存》，我们是否都有同感：凡是有偏执性格“我一定要”的销售人员，大多能100%完成每月业绩；凡是只有公司领导“一定要”时，这事多半不能按时按量地完成……

100%的意愿，一定会催生100%的方法和100%的行动。如果不能，等于证明我们的意愿不是真正的100%。只要你是真正想要，你就一定能找到100%的方法。因为成功一定有方法，不是不可能，只是暂时还没找到方法。只要你真是100%想要，就一定会采取100%的行动。如果不行动，那归根到底只能证明一点：你只是对任务有兴趣而已，而不是一定要完成任务。

公司开会，很多人迟到了。等人差不多到齐了，总经理才宣布开始。总经理走向一个迟到的员工面前，问：“能告诉我你为什么迟到吗？”那位员工有点不好意思地说：“起来晚了。”总经理继续问：“那你本来想不想准时到的？”那位员工说当然想。“其实每一位迟到的人应该都想准时到，可是为什么还是会迟到呢？”这时，总经理转向大家说道，“如果我现在宣布，明天谁要在八点钟前到办公室就可以领取一万块钱，你们会怎么样？”众人哗然。“有人可能会调两个闹钟，有的人甚至可能准备今晚就在办公室过夜，以保证一定不会迟到。”

这就是“想要”和“一定要”的区别。“想要”就是：最好能有，没有的话也无所谓啦、没办法啦。“一定要”就是：一定、确保、必须要，为此要采取所有可能的手段和持续不断的努力。坚决完成任务，“一定要”完成任务，于是便做到了。

二、思路决定出路

成大事者在遇到困难时无不理智对待，主动寻找解决的方法。

一个人只有敢于挑战，并在困局中突围而出，才能奏出雄浑激荡的生命乐章，最大化地彰显人生的光辉。

成功的人并非就没有遭遇过困难，只不过他们没有被困难所征服罢了。我们只有主动寻求方法去解决好工作中遭遇的每一个问题和困难，才能领略到心灵释放和智慧碰撞所带来的酣畅淋漓。

所以，如果暂时没有出路，就请多几条思路。

王老板让王经理去机场接机，并把客人的手机号码给了王经理，今天一位重要的客人王大姐要大驾光临。

王经理到机场后给王大姐打电话，却发现王大姐停机了。王经理分析客人的手机是保证不会停机的，会不会是老板记错了手机号码？立即给老板打电话，关机，老板可能在开会。认真核对了王老板写的客人的号码，没有错呀。王经理把所有相关人的电话都打了一遍，没辙。

于是王经理不得不站在出口碰运气，看着与客人特征相像的人、好像是在找接站的人，他就主动上去问："大姐，是从杭州过来的王大姐吗？"但都没有成功。无奈之下，只有不时地看看手机，希望奇迹出现——王大姐会打电话过来。突然，王经理看着"13805710×××"这个号码有了灵感，他想：0571是杭州的区号，0×××是手机的后四位，通常情况下后四位是不会记错的，如果是王老板把客人的手机写错了的话也应该是前三位错了，前三位是移动的常规通用号，也就139\138\137\136\135等，那客人的号码会不会不是138而是其他几个常规号呢？我把几个常规号都打一遍问题不就解决了吗？立即行动！王经理询问到第三个人时，正是王大姐，原来客人也刚刚到了一会儿，已经出了大厅到了停车场边，正焦急地等着王经理的电话。

一流人才的核心素质是：当遇到问题和困难的时候，他们总是能够主动去找方法解决，而不是找借口回避责任，找理由为失败辩解。失败者总是为失败找借口，而成功者永远只为成功找方法，因为他们深信：方法总比困难多，改变思路找出路。

洛克菲勒说过：“遇到困难和问题，我们应该学会改变思路。思路一转变，原来那些难以解决的困难和问题就会迎刃而解。”

当我们在遇到问题和困难的时候，要努力摆脱“我解决不了这些问题和困难”的心魔，首先要树立勇于解决问题和困难的信心，迎难而上；其次要积极开拓思路，积极寻找解决问题的方法；再次要敢于尝试，不能瞻前顾后，要果断行动。一个人有信念，相信一定有办法，就会不断地去寻找方法，直到成功。相反一个没有信念的人，总是会为自己找各种各样的借口，为自己开脱，安慰自己，逃避现实，走向一个接着一个的失败。当我们碰到困难时，要反问自己：这是不是借口，我是不是在为失败找借口。只要我们有了必胜的信念，任何困难都不再是障碍，一切的一切都将只是借口，我们只相信方法总比困难多，我们一定会为成功找到新的思路、新的方法，走向人生的辉煌。

失败者总是为失败找借口，而成功者永远只为成功找方法，因为他们深信，方法总比困难多，改变思路找出路。

第五节　赏罚适其法

一、小信成则大信立

“小信成则大信立”讲的是“赏罚有信”。诚如韩非子所言：“小信成则大信立，故明主积于信。赏罚不信，则禁令不行”（《韩非子·外储说左上》），大意是，只有讲小信用，大信用才会逐渐确立起来，所以，英明的君主是在不断地积累信用的过程中产生的；如果赏罚不讲信用，那么法令禁规也就无法推行。唯有赏罚有信，才能建立并强化管理者的权威。而管理者权威的确定过程，就是“小信”不断积累的过程。

蔡锷说：“治军之要，尤在赏罚分明。”赏罚之所以重要，首先在于赏与罚有一种强化作用：对某种行为给予肯定和奖励，使这个行为得到巩固、保持，是“正强化”；对某种行为给予否定和惩罚，使之减弱和消退，是“负强化”。赏罚是调动群众积极性、维护组织纪律性的一种重要方式。

而实施赏罚的关键是赏罚有信。

有的领导者也知道赏罚的重要性，却不敢实施。有的领导碍于面子，对下属的错误不敢处罚；还有的领导，气量狭窄，对于有功的下属不给予奖励。这都是与奖罚分明原则背道而驰的。

武侯问曰：兵以何为胜？吴起对曰：以治为胜。又问曰：不在众乎？对曰：若法令不明，赏罚不信，金之不止，鼓之不进，虽有百万，何益于用？

我们可以跟下属讲道理，但是有时候，千言万语抵不上一个行动，该出手时就出手，赏罚分明、赏罚有信，这是组织管理的最重要因素之一。

要做到赏罚有信，有几个要点需要注意。

首先，赏罚有信就是要规则明确。奖罚规则尽量明确，即把奖罚的规则尽可能形成明文的规章制度，以防止奖罚的随意性。随意奖罚，就可能使得奖罚产生不公；随意奖罚，对下属行为导向的信号往往不明确。当然，我们在这里说“尽量明确”，就意味着——有部分奖罚，是不可能用规章制度的形式事先明确表述的。因为事物是发展变化的，领导者不可能事先预知下属在将来可能发生的一切行为。但是，我们要求尽可能地把奖罚规则事先清楚地设定。

其次，赏罚有信要做到公平公正。奖罚公平公正的含义是：奖罚只与工作效果、工作能力、工作态度相联系，而不能与其他事情如感情、关系等相联系。赏罚不公不但是兵家大忌，也是管理工作的大忌。有一些管理者，规章制度定得很好，但是事到临头，有下属违反了，却常常心软，尤其是当犯错误的是他喜欢的好下属时，更容易犯此错误：算了算了，下不为例。所有的人都看在眼里，下次李四又犯了同样的错误，怎么办？不处罚吧？李四太坏了，绝不能放过他。处罚吧？李四振振有词，他举出上次的例子，觉得领导不公平。从此管理陷入混乱。有一些没有经验的管理者，在群众中没有威信，最根本的原因就是没有做到“信”。赏罚不信，做事不公正，下属怎么会尊重你呢？

在实际工作中，大多数领导者都能够接受奖罚公平的原则。但是，在具体工作中，他们却常常不知不觉地违背这一原则。这种违背，有时并不是故意造成的，而是由于对奖罚公平理解不够深刻而造成的。

有一家管理秩序井然的民营企业，总经理的亲弟弟任某部门副经理。

有一次，总经理的弟弟犯了错误，总经理召集中层干部开会，讨论对他的处罚措施。其间，总经理的弟弟当众表态："我身为总经理弟弟，应该成为大家的表率，这次犯了错误，请求从重处罚。"

总经理的弟弟没有想到，他"从重处罚"的请求，非但没有获得总经理的表扬，反而招致新的批评。总经理严厉地批评道："你请求从重处罚，这违背了奖罚公平的原则，实际上，你从内心深处，还是把自己置于特殊地位。这说明你在工作当中，没有真正地以普通员工自居。你有这种思想，工作是做不好的。你'要从重处罚'的错误，比你工作中的错误还要严重。工作错误要罚，'从重处罚'是新错误，新错误也要罚，并且通报批评。"

经历此事之后，该企业员工深刻地认识到：企业的管理政策是奖罚分明的。公司员工的工作积极性、主动性，由此提升了一大步。

第三，奖罚有信要指向具体行为。奖罚应该和下属的具体行为相挂钩，使他们明确地知道：什么行为是被组织所欣赏的、需要被加强的。如果行为指向不明确，会引发公平性的质疑。

比如，有的领导给下属发一笔奖金，并且表扬下属说："你的工作很出色，给你一百元奖金。"这样的奖励效果就比较差，其他人会认为，他哪里出色了，难道我不出色吗？因为奖励没有和具体行为挂钩，奖励失去了行为导向作用。类似"你的工作很出色"的界定，含义模糊，指向不明。如果是"你连续三个月业绩第一名，按规定给你一千元奖金"就不会引发异议了。当然，还有一种更加糟糕的奖金发放方式，习以为常地出现在许多企业员工的工资单上——往往出现若干元的奖金数额，却没有说明发奖金的原因。这样的奖励方式就属于"投资大、效果差"。

同样的道理，处罚也应指向具体行为，才能使下属具体知道：

什么行为是要被抑制的。

二、杀贵大而赏贵小

《六韬卷第三·龙韬·将威》中记载，周武王问姜太公曰：主将用什么来树立威信，用什么来体现明察，用什么来做到所禁必止，所令必行？太公回答说："将以诛大为威，以赏小为明。""故杀一人而三军震者，杀之，赏一人而万人悦者，赏之。杀贵大，赏贵小。"姜太公的意思是，要在军中做到令行禁止，就要诛大赏小。惩罚要从将帅抓起，他们犯了错误就要从严处置，从而达到震慑三军的目的；而奖赏就要倾向于普通官兵，对他们取得的成绩要及时奖励，以激励军士的斗志。

"诛大赏小"用在管理中，"诛大"和"赏小"都可以分别理解为两层意思。诛大，有两层含义：一是指诛大官，因为大官重权在握，一举一动都能影响全局；二是指诛大错，如果大的失误都不受到处罚，那就可能什么事也做不成了。赏小，也有两层含义：一是指奖赏小人物，即普通员工；二是指奖励小进步、小成就，即使个人或团队取得了很小的成绩，也要注意及时给予奖励，使其再接再厉。

历史上很多名将都知道利用诛大赏小的方法：

孙武杀了吴王的两名爱姬，一下子就使宫女们严守军律；司马穰苴斩杀了齐景公的亲信庄贾，敌人因此在齐国边境望而却步。这是诛大之威。

魏文侯在出征前，为将士的父母妻子摆宴，使数万士卒闻令而动，英勇杀敌；岳飞把朝廷的奖赏都分给士兵，每立战功都归于将士，所以他的军队令出如山，勇猛善战，敌人哀叹道：撼山易，撼岳家军难！这是赏小之力。

可见，诛大赏小，威权并树，可以有效地驾驭、激励下属。

诛与赏是对立的统一体，诛大是最大限度地体现惩罚的作用，赏小则是为了实现激励效益的最大化。

诛贵大，越大越能震慑。

管理中常遇到这样的情况：领导者，特别是担任管理职务的中高层干部，在制订一些政策出来推行的时候，却因为触及了一些人的固有利益而无法施行。在这些人里，往往还会有比自己职位更高，或者有自己开罪不起的背景，或者是有很好的业绩，这时，你该怎么办?

没有什么好说的，当遇到有人违令不听、执行不力时，作为领导者，就应不畏强权，抓住典型，杀一儆百，以树立自己的权威，让下属真正心存敬畏。而且杀得越大，就越有威慑，越能对员工产生激励。

摩根大通银行的CEO比尔·哈里森组织了一次高层经理人培训，学习的重点是对新合并的摩根大通银行进行改造，建立更强的市场导向。对于该银行来说，这是一次重大的机构变革，它需要摆脱自己身上原有的华尔街公司的个性。

但是，变革运动遭到了反抗，其最大的反抗者是负责银行主要业务之一的一名高层执行官，这是一位真正的明星业务员，有很好的业绩，在公司又是德高望重。他留恋投资银行业长期以来养成的“独狼”文化，并发起了一场静悄悄的抵抗斗争。

当时，公司内外所面临的局势非常复杂——那正是安然公司破产的时候，由于摩根大通银行给安然公司和其他有了很大麻烦的公司提供了不菲的贷款，致使比尔自己的政治声望也处在了最低谷，但是，比尔还是请这名高层执行官离开了公司。

比尔的做法是正确的，这名德高望重的高层执行官离开公司后，公司的每一个员工都认识到了比尔推行改革的决心和信心，因而不得不对其政策严格执行，这使得比尔的变革计划得以顺利推行，并最终取得了成功。

赏贵小，越小越见效用。

多对普通员工进行奖励，或者对员工很小的进步也进行奖励，更能激起员工和团队追求进步的主动性和积极性。很多成功的领导者和企业家都很注意利用这一点。

松下幸之助在激励员工时，提出并倡导社长要有“替员工端上一杯茶”的精神。当社长看到员工正在办公桌前努力工作时，社长应该替员工端上一杯茶，并满怀感激地说：“真是太辛苦你了，请喝杯茶吧。”当然，松下的意思并不是要领导一定得亲自为员工倒茶，他只是在说领导者要多从小处去关心员工，去奖励员工，这样更能使员工振奋。

对普通员工的小事情、小成就进行关照，其实就是对细节进行关注。注重细节，在细小的事情上关心员工、奖励员工，更能体现出领导对员工无微不至的关怀，从而使员工感动。

三、多给萝卜少施棒

“胡萝卜”在管理学的范畴中，寓意为有效的赏识和激励机制，是正激励；而“大棒”则是一种处罚，是负激励。

胡萝卜加大棒的管理方式自古就有。现在的管理学称之为“激励机制”，其实还是那些东西，换汤不换药，换种说法而已。“诱之以利，晓之以害”、“打狗留条逃路”、“惩罚的目的不在于惩罚本身”、“奖勤罚懒”、“一手打一手拉”等等管理格言，讲的都是这个道理。对此，一个成语概括得最好，叫“恩威并施”。但是怎么个“并”法，“并”到什么程度效果最好呢？按照心理学的研究，一个总的原则就是“多给萝卜少施棒”，即多奖少罚。

现代心理学研究表明，当人们意识到自己的行为受到他人重视，自己的行为被认为有特殊的重大意义时，人的责任感便能够充分被激发，潜在的能量才能够得到淋漓尽致地发挥和运用，士为知己者死，赴汤蹈火、在所不辞，都是很好的例证。另一方面，几乎所有的人都怕被惩罚，更不用说是重罚了。从这个意义上讲，多奖少罚更贴近人性，效果也会更好。

县委县政府举行行为规范评比，为了改善本部门的落后状况，王局长决定在部门内部进行检查评比，每人满分十分，每次检查，查到一项不合格扣一分。这样做震慑效果一定是明显的，但是这样做，干群关系可能会受影响。分管副县长建议王局长改扣分为加分。每人基础分十分，每次检查，合格者加以一定的分数，然后比较谁的分数高。这样做，无疑更可以调动大家的积极性，也使干群间的关系更为和谐。

多奖少罚的原则在实际工作中可以体现在一些具体的操作方式上。

1. 只赏不罚

赏与罚是相对的两个概念。有时候，不赏就意味着罚，不罚，也就意味着赏了。赏是可以单独存在的，尤其是在不便于或者没有必要实施处罚的时候。对于好行为进行奖赏本身已经是一种明确的导向性行为，基本上可以起到大半的效果。比如说，对业绩突出的员工奖励轿车，实际上，对于那些业绩差的员工来说，也就是一种批评了。

2. 改罚为赏

有时，犯错误人员众多，已到了法不责众之境地，无法处罚下去，不如改为奖励那些没有犯错误的少部分人员，这样也能保持公正。另一种情况，由于赏与罚是相对的，而赏是一种积极的方式，罚是一种消极的方式，因此，用赏取代罚可能会有更好的效果。

3. 先赏后罚

有罚必先有赏，重罚必先重赏。罚是不可以单独存在的。只罚不赏很容易激起人的逆反心理，使人抗拒。即使最终也能达到效果，但是，气氛却是压抑的，人的心情也不会舒畅。尤其是领导在单位雷霆震怒，大为光火之际，一定要保持清醒的头脑。就算是错误真的很大，也千万要记住，犯错误的毕竟不是所有人，对全体人员发火，连那些好人也打击进去是不公平的。因此，在重罚之前对那些表现好的要重赏。重赏的目的有二：其一，分化，使得中间分子非常容易找准自己的方向；其二，赏罚同时进行，互相映衬，增加赏与罚的戏剧效果，使大家印象更为深刻。

四、及时兑现莫逾时

无论是赏还是罚，都要及时处理。尤其是“罚”，如果拖得太久，会使群众怀疑领导处置的公正性，至少会阶段性地造成“军心”不稳。《司马法·天子之义第二》：“赏不逾时，欲民速得为善之利也；罚不迁列，欲民速睹为不善之害也。”意思是说，赏不可过时而赏，为的是使民众迅速得到做好事的益处；罚不可离开行列再罚，为的是使民众迅速看到做坏事的害处。逾期赏罚，赏罚所达到的效果会打折扣。

《史记》中记载过这样一个故事：刘邦和项羽交战，后来项羽收兵退回，刘邦也想退兵。这时，张良、陈平向刘邦献计，要刘邦趁项羽兵疲粮尽，索性就消灭他。刘邦采用了这个计策，于是发兵追赶项羽，到阳夏南面时让部队驻扎下来。按照事先的部署，齐王韩信、建成侯彭越应该带领自己的部属按照约定日期会合，共同攻击楚军。但是，约定的时间到了，韩信、彭越却迟迟没有来会合，刘邦只好单独和项羽作战，结果刘邦被项羽打得大败，仓皇逃回营垒，深挖壕堑固守。刘邦这个时候就问张良，韩信与彭越为什么没有按照事先的约定来会合。张良告诉刘邦，是因为没有及时封赏这二位将军，要想他们马上来会合，必须先封赏他们。于是刘邦派使者封给韩信、彭越土地，果然韩信、彭越来会合了。

从韩信、彭越与刘邦的故事中我们看出，及时兑现奖励是非常重要的。刘邦刚开始的时候没有太关注这个问题，因为有张良及时出主意弥补了过失，而绝大多数人就没有刘邦那么幸运了。宋太宗在灭北汉之后不封赏三军便挥军攻辽，三军了无斗志，这也是攻辽失败的一个原因。

马戏团让海豚表演节目，海豚很听话，可以打开盒子把东西给主人，然后合上盖子，还可以投球，很可爱……每次海豚完成一件事情后，驯兽师都会给海豚一个可口的食物，海豚也越玩越高兴，表现得越来越好……

看《三国演义》，每次战役之后，都会大摆筵席，乘兴论功行赏，何其快哉！如果没有论功行赏，没用同欢美酒，这么多将领会越来越忠心于军队？

管理团队也是如此，团队完成了任务，应该马上给予奖励，记住是马上，而不是说因为资金如何如何，还有时间如何如何，而延后或者忽略了激励，这种做法不符合惯例，也不利于团队后期的顺利管理……

及时兑现，主要是从精神鼓励要取得最佳效果来考虑的。及时兑现，使人能很快得到精神满足，能明确奖惩措施的具体指向，毫不含糊。及时兑现还能使奖惩的心理效果最强烈。当行为人期待着结果出现时，结果没有出现，他的紧张心情(这里说的紧张是一种心理上的兴奋)就会缓解。例如，自己知道某件事没办好，一方面想这回准得受批评，一方面也可能想怎样为自己辩解、开脱，他对结果的关注程度是很高的。然而，管理者没有任何反映，时间一久，他的紧张就缓解了，甚至以为平安无事。又比如，某人做出了一些成绩，原以为会受到赞扬和奖励；或者，到了年末，回顾一年，取得了较突出的成绩，估计应该得到赞扬，可是管理者漠然处之，时间一长，他也就泄气了。等到这两种情况出现以后再去补救，受到奖惩的人，都觉得无所谓了。

在众多领导者优秀品质中，最使员工牢记不忘的是领导者给予他们的认可、赞赏以及尊重所带来的成就感。

责任之歌

——责任文化主题歌

作词：唐渊
作曲：唐渊
原唱：唐渊

1=G $\frac{2}{4}$

广板

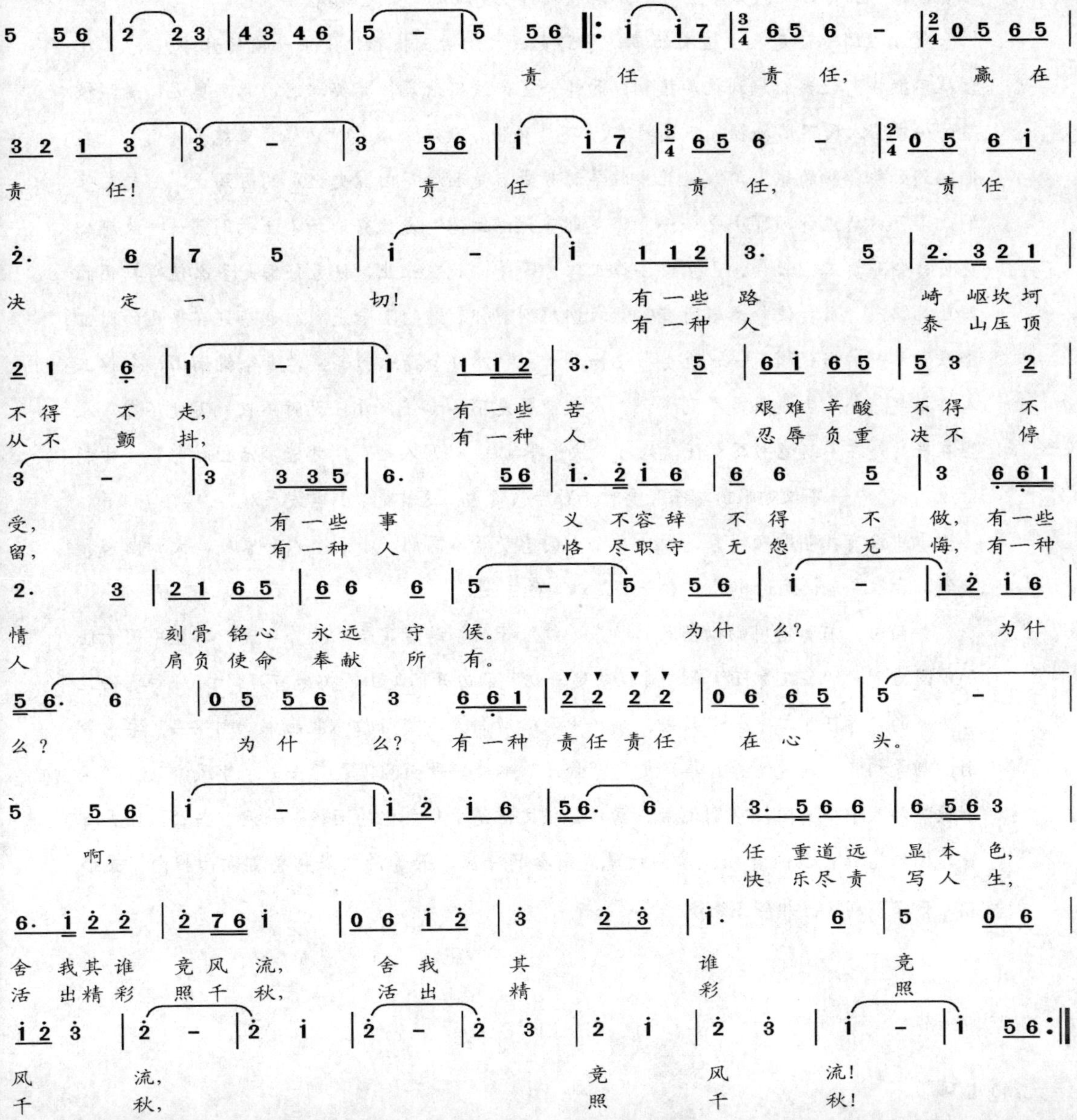

责 任 责 任， 赢 在

责 任！ 责 任 责 任， 责 任

决 定 一 切！ 有一些 路 崎 岖坎坷
有一种 人 泰 山压 顶

不得 不 走， 有一些 苦 艰难辛酸 不得 不
从不 颤 抖， 有一种 人 忍辱负重 决不 停

受， 有一些 事 义 不容辞 不得 不 做， 有一些
留， 有一种 人 恪 尽职守 无怨 无 悔， 有一种

情 刻骨铭心 永远 守 侯。 为什 么？ 为什
人 肩负使命 奉献 所 有。

么？ 为 什 么？ 有一种 责任责任 在 心 头。

啊， 任 重道远 显本 色，
快 乐尽责 写人 生，

舍 我其谁 竟风 流， 舍 我 其 谁 竟
活 出精彩 照千 秋， 活 出 精 彩 照

风 流， 竟 风 流！
千 秋， 照 千 秋！

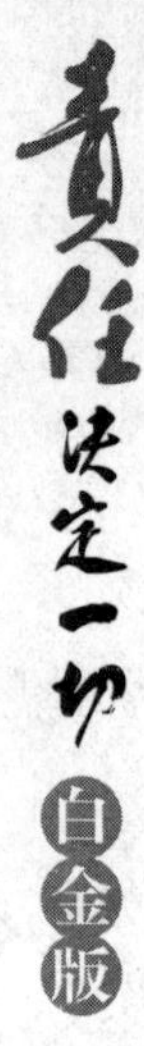

歌曲创作说明：

第一段写责任是不得不做的事，尽到责任方显英雄本色："崎岖坎坷"却"不得不走"的路让我们联想到强国之路、民主之路、求学之路、人生之路……"艰难辛酸"却"不得不受"的苦让我们联想到长征之苦、抗战之苦、养育之苦，病痛之苦……"义不容辞"而"不得不做"的事让我们联想到保家卫国、舍己救人、当婚当嫁、朋友相托……"刻骨铭心"而"永远守候"的情让我们联想到亲情、友情、爱情、战友情、同学情、民族情、爱国情、赤子之情……担子很重、路程很远、责任重大、长期奋斗的"任重道远"方能显出杰出人物的英雄"本色"，"舍我其谁"表现出的是"我不干谁干"，"我不承担责任谁承担责任"的力争上游、开创未来的"竞风流"豪迈气概。

第二段写责任是人生追求的事，尽到责任才能活出精彩，是第一段的升华："泰山压顶从不颤抖"让我们想到抗美援朝、两弹一星、汶川地震、非典肆虐、北京奥运、青藏铁路……中国人民不怕牺牲，不畏困难，英勇顽强、众志成城。"忍辱负重绝不停留"让我们想到卧薪尝胆的越王勾践、北方牧羊的苏武、受刑后写出《史记》的司马迁、三起三落的改革开放总设计师邓小平……"恪尽职守无怨无悔"是优秀职场人士的写照——政府公务员、企业员工、教师、医生、法律工作者等等，兢兢业业、任劳任怨是多么值得提倡的职业品格。"肩负使命奉献所有"让我们想到前仆后继的革命先烈，也想到在平凡的岗位上默默奉献的当代模范——地委书记杨善洲、导弹司令杨业功、医学专家钟南山、金牌工人许振超……人生最乐是尽到责任，人生最苦是不尽责任，责任无时不在、无处不在，人生在世就是在不断地书写责任，只有"快乐尽责""写人生"，才能"活出精彩"，才能"照千秋"——不仅对眼前，而且要对子孙后代负责，这就是"科学发展观"。

歌中没有指明歌颂对象，因为每个人的感受是不同的，小到个人和家庭，大到国家和人类，古往今来，无论中外，责任都是永恒的主题！

谱曲时，前奏借用响彻世界的《东方红》开头，意蕴高尚，气势磅礴，彰显中国责任和中国力量，"赢在责任"和"责任决定一切"两句开门见山，掷地有声；"有一种责任在心头"的"责任"二字合唱效果，烘托出人心所向、众望所归；歌曲中"啊——"柔中带刚、刚柔相济，既是情感升华，更是"责任"呐喊；歌曲两段最后一句"竞风流"、"照千秋"加入了中国国粹京剧元素，寓意责任文化是中华文化的国粹——天下兴亡，匹夫有责，国家富强，我的责任；歌曲结尾是前奏的呼应，升调的效果把整首歌曲推向了最高潮，干净、利落，却余音缭绕。

中国梦

——“中国梦 责任歌”全国唱讲主题歌

演唱：唐渊 作词：克强 刘金 唐渊

作曲：唐渊

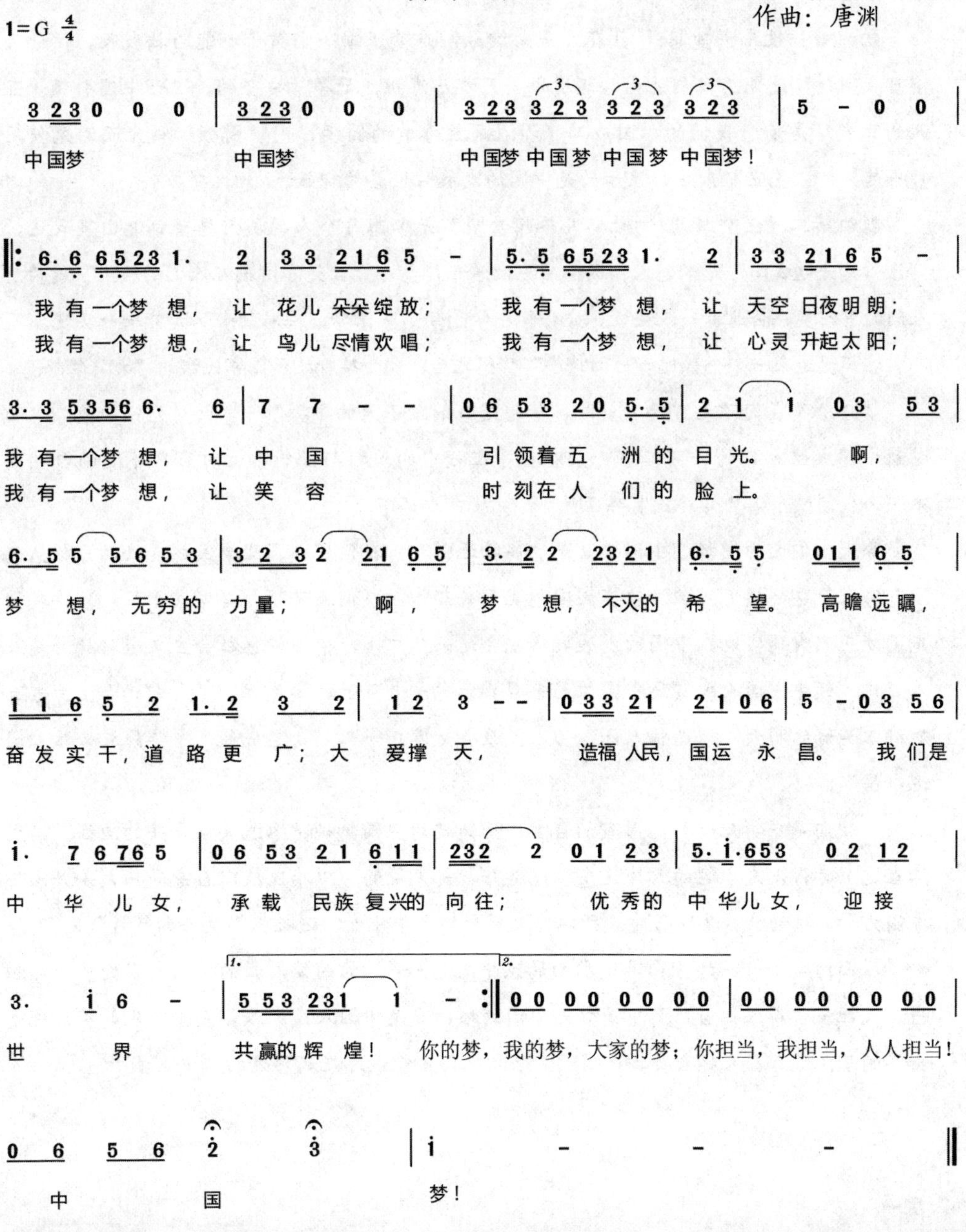

1=G $\frac{4}{4}$

3 2 3 0 0 0 | 3 2 3 0 0 0 | 3 2 3 3 2 3 3 2 3 3 2 3 | 5 - 0 0 |

中国梦 中国梦 中国梦 中国梦 中国梦 中国梦！

‖: 6. 6 6 5 2 3 1. 2 | 3 3 2 1 6 5 - | 5. 5 6 5 2 3 1. 2 | 3 3 2 1 6 5 - |

我有一个梦想，让花儿朵朵绽放；我有一个梦想，让天空日夜明朗；

我有一个梦想，让鸟儿尽情欢唱；我有一个梦想，让心灵升起太阳；

3. 3 5 3 5 6 6. 6 | 7 7 - - | 0 6 5 3 2 0 5. 5 | 2 1 1 0 3 5 3 |

我有一个梦想，让中国 引领着五洲的目光。啊，

我有一个梦想，让笑容 时刻在人们的脸上。

6. 5 5 5 6 5 3 | 3 2 3 2 2 1 6 5 | 3. 2 2 2 3 2 1 | 6. 5 5 0 1 1 6 5 |

梦想，无穷的力量；啊，梦想，不灭的希望。高瞻远瞩，

1 1 6 5 2 1. 2 3 2 | 1 2 3 - - | 0 3 3 2 1 2 1 0 6 | 5 - 0 3 5 6 |

奋发实干，道路更广；大爱撑天，造福人民，国运永昌。我们是

i. 7 6 7 6 5 | 0 6 5 3 2 1 6 1 1 | 2 3 2 2 0 1 2 3 | 5. i. 6 5 3 0 2 1 2 |

中华儿女，承载民族复兴的向往；优秀的中华儿女，迎接

3. i 6 - | 1. 5 5 3 2 3 1 1 - :‖ 2. 0 0 0 0 0 0 0 0 | 0 0 0 0 0 0 0 0 |

世界 共赢的辉煌！你的梦，我的梦，大家的梦；你担当，我担当，人人担当！

0 6 5 6 2 3 | i - - - ‖

中国梦！

歌曲创作说明：

习近平同志关于“中国梦”的深情阐述，再度引起了中华民族对自身光荣、责任、使命的热切关注，激发了中华儿女走向伟大复兴新的自觉。中国梦，是梦想，更是责任！作为研究“责任”的专家，我开始了《中国梦 责任歌》的全国巡讲，主题是：《用“责任”托起“中国梦”》！由于演讲的需要，我创作了演讲主题歌《中国梦》。

歌曲前奏连续六个“中国梦”，意在表达中国人民对“中国梦”的歌颂、拥护、呼唤等一系列深深的情感。

歌曲第一段三个梦想：“让花儿朵朵绽放”是梦想每一个孩子都能茁壮成长，“让天空日夜明朗”是梦想我们的生存环境每一天都是清新、干净、安全的，“让中国引领着五洲的目光”是梦想我们的祖国成为世界人民最喜爱的国度，用“引领”目光而避免使用“崛起”、“屹立”东方，显示的是中国的发展对世界的贡献。

歌曲第二段三个梦想：“让鸟儿尽情欢唱”是梦想每个人的美好愿望都能由衷表达，“让心灵升起太阳”是梦想人们的心中充满着正能量，“让笑容时刻在人们的脸上”是梦想人们的中国梦、企业梦、人生梦、公仆梦、学子梦、环保梦、住房梦……都能一一实现。

在娓娓道来一个个普通百姓的“小”梦想之后，歌曲接着展示国家民族的“大”梦想。

梦想给了我们“无穷的力量”，梦想是我们“不灭的希望”——面对列强的凌辱，面对新中国成立初期的一穷二白，面对奋斗征程中的坎坷与挫折，面对百年不遇的自然灾难……我们的中国梦始终没有破灭。

今天我们大力宣扬“中国梦”是“高瞻远瞩”，我们的祖国距离民族复兴的目标从来没有像今天这样接近；但“空谈误国，实干兴邦”，我们还必须“奋发实干”；只要我们充满梦想又脚踏实地，中国的发展之路就会越来越广阔，中国特色社会主义道路就会越来越宽广。领导中国人民实现中国梦的中国共产党是老百姓的擎天柱，“大爱撑天”为老百姓编织美好的明天，“造福人民”为人民服务，万众一心，众志成城，中华民族必然“国运永昌”！

“我们是中华儿女”，用我们自古以来铸就的中国精神“承载民族复兴的向往”，生活在这个时代，是幸运的；为这个梦想奋斗，是光荣的。中华民族以自身的伟大复兴彰显中国力量，推动世界共同进步，所以，“优秀的中华儿女，迎接世界共赢的辉煌”。

歌曲结尾小女孩的旁白，是歌曲的点睛之笔——“你的梦，我的梦，大家的梦，你担当，我担当，人人担当！”中国梦是中国的梦，更是中国人民的梦，是每个人的梦，也是世界的梦；只有人人起来负责，唱响责任之歌，才能最终托起伟大的“中国梦”。

后记

快乐尽责 精彩前行

负责任是一种快乐！责任文化的最终目标就是让每一个人都能够快乐的承担责任，是“我要”负责任，而不是“要我”负责任，让每一个人都能快乐尽责，活出精彩，成就未来。人人尽责，人人快乐；人人尽责，企业繁荣；人人尽责，国家昌盛！

责尽心安，苦中有乐，这是一种深刻而朴实的人生体验。尽到自己应尽的责任，快乐便会在辛苦付出中不约而至。尽到了人生的责任，便活出了人生的精彩。责任是忘我的坚守，责任是人性的升华。

优秀的职场人士会告诉你：“假如你非常热爱工作，那你的生活就是天堂；假如你非常讨厌工作，你的生活就是地狱。在每个人的生活中，有大部分时间是和工作联系在一起的。放弃了对社会的责任，就背弃了对自己所负使命的忠诚和信守。责任就是出色地完成工作！”

心理学研究早已证实，快乐是人们固有的一种激昂、美好的情绪，能提高工作效率。如果我们团队中的每一个人都能认识到快乐责任，人人成为传播责任文化的“责任使者”，那么，这样的责任团队就能所向无敌。

我们要提高我国的国民素质，首先就要从责任教育开始。试想，一个人如果连最起码的对自身行为负责的责任心都没有，那素质又从何谈起呢？

中华民族是历来讲责任的：早在上古时期，大禹治水“三过家门而不入”就是中华祖先的伟大尽职精神；“天下兴亡，匹夫有责”让中国人民以自己的血肉之躯筑起了新的长城，赢得了近代以来反抗外敌入侵的第一次完全胜利；1997年亚洲金融危机、2009年国际金融危机中，中国作为负责任的大国，在致力于做好自身事情的同时，积极参与国际社会应对金融危机的各项行动，有效发挥了建设性作用，赢得了世界的好评。中国人的责任文化必将永远延续下去。

实践科学发展观首先是人要发展，人的发展首先是素质的提高，而负责任是优秀人才特别是卓越人物最重要的素质。中国领导人习近平在当选中共中央总书记的当天同中外记者见面时就特别强调三大责任——对民族的责任、对人民的责任、对党的责任。加强责任文化建设，让每一个中国人都做到负责任，才是中国的强国之道。责任教育是关系到国家命运的大事，马虎不得！当中国富强，可以骄傲地对全世界人民承担令人满意的国家责任时，将是中国人民最快乐的时候。

把“责任”作为一个组织的核心文化，按照组织责任文化建设的步骤把突出“责任”个性的组织文化作为组织可持续发展的重要动力，将责任文化建设的实践融入组织各项工作当中，渗透在组织各项管理活动当中，有力地增强组织凝聚力，提升组织核心竞争力，树立良好的组织形象，最终改善组织绩效，这是组织责任文化建设应该达到的目标，也是进一步进行责任文化管理的必经途径。组织发展和进步的最简单、最直观、最有效的最高境界和最终模式就是建成责任型组织，即领导者通过责任文化建设，进行全面责任管理，让组织中的所有人(包括自己)都成为想干事(责任意识)、能干事(责任能力)、真干事(责任行为)、干对事(责任规范)、干成事(责任成果)的堪当重任的“责任人”，领导者成为“负责任”的“负责人”。

负责任的员工才是合格的员工！

负责任的领导才是合格的领导！

负责任的管理者才是合格的管理者！

负责任的经理人才是合格的经理人！

负责任的企业家才是合格的企业家！

负责任的组织才是合格的组织！

缺乏“责任”的教育是可怕的教育！

没有“责任”的赢利是危险的赢利！

正因如此，《责任决定一切》出版以来曾获得优秀廉政文化图书、中央国家机关读书活动推荐阅读书目的提名，获得全国职业指导优秀成果奖，作者以本书的思想理念为核心的“责任决定一切”全国巡讲，深受政府公务员、企业家、企业员工、社会工作者等职业人士的欢迎，作者作词、作曲、原唱的《责任之歌》响彻大江南北。

让我们时刻听从责任的召唤。如果有一个时刻，需要你去负责任，请对自己快乐地说一声：“这是我应该做的！”